忻州师范学院专题研究项目“明清时期五台山地区水文化研究”（ZT201507）

清代五台山地区的水文化研究

赵淑清◎著

A Study of the Water of the Wutai Mountain Area During the Qing Dynasty

人民日报出版社

图书在版编目（CIP）数据

清代五台山地区的水文化研究 / 赵淑清著. —北京：人民日报出版社，2018. 6

ISBN 978-7-5115-5547-2

Ⅰ. ①清… Ⅱ. ①赵… Ⅲ. ①五台山–水文化学–研究–清代 Ⅳ. ①P342

中国版本图书馆CIP数据核字（2018）第136647号

书　　名：清代五台山地区的水文化研究
作　　者：赵淑清

出 版 人：董　伟
责任编辑：袁兆英
封面设计：中尚图

出版发行：人民日报出版社
社　　址：北京金台西路2号
邮政编码：100733
发行热线：（010）65369527　65369512　65369509　65369510
邮购热线：（010）65369530
编辑热线：（010）65363105
网　　址：www.peopledailypress.com
经　　销：新华书店
印　　刷：北京盛彩捷印刷有限公司

开　　本：710mm × 1000mm　1/16
字　　数：200千字
印　　张：14
印　　次：2018年6月第1版　2018年6月第1次印刷

书　　号：ISBN 978-7-5115-5547-2
定　　价：68.00元

Preface 自 序

水是人类文明的源泉，其重要性不言而喻，当今社会人类所面临的水问题，比以往任何时期都更为突出，1977年“联合国水事会议”向全世界发出严重警告：水不久将成为一个深刻的社会危机，石油危机之后的下一个危机便是水。1993年第四十七届联合国大会把每年的3月22日确定为“世界水日”，水成为全球关注的焦点。如何应对水危机，是摆在人类面前最现实、最迫切的问题，不同国家立足本国国情寻求最佳解决之道。中国的淡水资源总量为28000亿m^3，占全球水资源的6%，但2005年中国的人均水资源占有量只有2300 m^3，仅为世界平均水平的6%；同时，我国的水资源在时间和空间上分布不均匀，北方的面积占国土面积的64.5%，水资源总量却只占到全国的19%，是极度缺水的地区；不仅如此，中国还是世界上用水量最多的国家，据统计2002年全国的淡水取用量达到5497亿m^3，约占世界年取量的13%，而且用水量还在逐渐增加；此外，中国的水污染也比较严重，2006年中国的废污水排放总量达到537亿吨，很多污水没有得到有效处理，直接影响到饮用水源的安全，据有关部门统计全国有3亿2千万农民缺乏安全饮用水，很多重点城市水源地的水质不达标。以上这一系列数据和事实表明，中国的水问题刻不容缓。为了回应现实问题，国内外众多学者分别从水资源利用、水环境保护、水生态修复等多个方面进行研究，取得了一系列积极成果，为解决水危机做出了不少贡献。但一切问题归根结底是哲学问题，即水危机出现的根源在于人类社会在发展过程中没有解决好人与水的关系，因此除了注重建设水利工程、发展节水技术等硬手段外，人类也需从自身与环境、水的关系视角去审视水的问题，水文化研究就此萌发。因此，本研究的根本出发点是要通过水文化研究探讨和谐的人水关系，为正确处理人水关系提供基本的价值导引。

目前关于水文化的研究尚处于起步阶段，学界关于水文化的内涵界定也是仁者见仁，智者见智。受狭义文化观的影响，一般来说对水文化的认识大多停留在上层建筑领域，认为水文化主要是指观念形态的文化，主要包括与水密切相关的思想意识、价值观念、精神成果等，认识的局限使已有水文化研究大都停留在思想意识领域。随着社会的发展，人水矛盾日益突出，人们开始从历史时期人水互动的经验中总结和谐相处的规律，以期为日益突出的水问题寻找根本的解决途径。广义的水文化以及理论研究在此背景下逐渐被提上日程，一切与水活动相关的文化要素都被囊括进来，尽管目前系统的研究成果较少，但在研究范式上的突破意义非凡。新的认识下强调水事活动是水文化创造的源泉，水利文化是水文化的主体，本研究秉承此观点，主要从区域历史地理背景、农田水利建设、水利纠纷及治理、水神信仰状况四个维度廓清清代五台山地区的水文化图景，以微薄之力管窥历史时期的人水关系，通过抛砖引玉推动学界和实践中对水文化研究的关注。

此书是本人长期从事水文化研究，在深刻认识水文化丰富内涵的基础上形成的阶段性成果，书中主要侧重于对清代五台山地区水文化创造的源泉即水事活动的研究，由于在水文化内涵的认知上与传统的不同，再加上本土水文化研究理论尚不成熟，本书提出的观点难免出现纰漏，敬请各位同仁批评指正。尽管本书研究尚存不足，但水文化研究的重要性却不容置疑，因此本书的价值除了书中展示的部分研究成果外，其更为重要的意义在于希望能够引起学界对水文化研究的重视，同时为人水关系的实践活动提供有益参考。在此，衷心向写作过程中提供帮助的老师、同学、同行表示感谢，对书中所有引用文献的作者表示感谢，对编辑工作人员的辛勤劳动和家人的积极支持表示感谢。

赵淑清

2018年1月

Contents

目　录

导 论

一、选题缘起和意义

五台山地区是晋北黄土高原水环境较好的区域之一，但目前对于该地区历史时期水资源的利用情况以及由此而产生的水文化没有给予足够的重视，学界对该地域的关注主要集中在五台山是我国的佛教圣地，以及从地理角度关注该地区的地形、地貌、生物多样性等等。究其原因，有几方面：一是晋北地区干旱少雨，河流分布较少，水资源匮乏；再加上该地区历史时期主要以牧业为主，而且是游牧民族和汉民族战争的前沿阵地，破坏比较严重，留存下的与水有关的史料和古遗迹有限。二是五台山是中国最古老的地质构造区之一，也是全国地质研究对比的典型地区之一。鉴于此，学界对当地的地质、地貌、生物等关注较多。三是五台山是公认的佛教名山，其佛教文化源远流长，不仅对五台山地区的辐射力较强，在全国以及国际上的影响力也较强，因此，在人文学科中形成了一种言五台山必言佛教的氛围，这无形当中遮住了这一地区用水文化的特殊性。本书意在突破原有的研究传统，探索五台山所在地区的水环境以及由此产生的水文化，期望在一定程度上拓展研究的范围。

水文化是人民的文化，它源于人与水的互动，塑造了人民对水的认知，中国的水文化是中华民族在认识、改造自然过程在中，在人水互动实践中形成，其深深根植于中华文明的沃土中，是中华传统文化的重要组成部分。而中国不同地域中的水文化又共同构成了中国水文化，五台山地区地处黄土高原，十年九旱，严重影响了农业生产，生活在这个区域环境内的人们对水的诉求十分强烈，在这个过程中，人们的思想观念、政治制度、生活方式、生产方式等，都打上了水的烙印。直至今日，农业依然是这一地区的经济命脉，而水依旧是该地区发展的关键。因此，研究清代五台山地区的水文化，不仅可以填补目前该领域研究的薄弱，丰富水文化研究的内涵，而且也为今天该地区水文化建设提供历史的启示和借鉴，对深化山西水文化乃至全国水文化研究具有重要的意义。

二、学术史梳理与概念界定

（一）学术史梳理

目前，国内研究水文化的成果多集中在从历史、哲学等角度论述水文化的内涵、起源、发展及当今社会应该如何对待、发展水文化，专门研究区域水文化的成果较少，就山西而言，主要研究成果集中在两方面：

一是以社会史为研究视角的水与地方社会的互动研究。

美国学者卡尔·魏特夫在他 1957 年出版的《东方专制主义——对于集权力量的比较研究》一书中最早提出了“水利社会”一词，他认为东西方社会是两个完全不同的社会形态，东方社会的形成和发展与治水密不可分。魏特夫的这一理论影响了西方包括日本汉学界多半个世纪，至今余音环绕。20 世纪 50 年代，日本中国水利史研究会的森田明提出以“水利社会”的概念来研究中国华北、华南区域社会的水利管理与社会运行状况，其成果主要集中在《清代水利社会史研究》等著作中；二十世纪五六十年代人类学家弗里德曼的《中国东南的宗族组织》开始关注“村落—家族”，从侧面论及水利与区域社会的合作。之后，出现了一系列研究中国水利社会、水利组织的论著和论文，其中与山西有关的是《山陕地区水资源与民间社会调查资料集》，它是基于对陕西关中东部和山西西南部的灌溉农业区和旱作农业区的田野考察上研究出的成果，是目前这一研究领域的佳作。目前，关于山西水利社会的研究，主要以山西大学中国社会史研究中心的研究成果最具代表性，如行龙的《明清以来山西水资源匮乏及水案初步研究》《晋水流域36村水利祭祀系统个案研究》等，张俊峰的《水权与地方社会——以明清以来山西省文水县甘泉渠水案为例》《明清以来晋水流域之水案与乡村社会》《明清以来洪洞水案与乡村社会》等系列文章，行龙、张俊峰、胡英泽等人主要是从山西的水案入手，从涉及的各个因素着手，在国家和地方的关系中，探寻山西近代乡村社会的运行。胡英泽《水井与北方乡村社会——基于山西、陕西、河南省部分地区乡村水井的田野考察》《从水井碑刻看近代山西乡村社会——以晋南地区为个案》，从北方水井和水利碑刻入手，探讨其与乡村社会的互动关系，等等。

一是关于水神的祭祀、信仰习俗等方面的研究。

目前国内外关于水神信仰的研究多是民俗学的研究成果，研究的内容侧重水神信仰的风俗习惯，主要以祈雨习俗为主，山西也不例外，早在乔润令所著《山西民俗与山西人》一书中就比较详细地描述了流行在山西各地的几种求雨方式：女性求雨、善人求雨、集体"游雨"及"恶求雨等，同时对求雨习俗同当地其他文化现象之间的关系也给予了关注。苑利的博士论文《华北地区龙王信仰》对华北主要是山西地区存在的龙王信仰作了较为全面的论述，其中对祈雨仪式的主要类型与特征，祈雨组织的构成以及龙王信仰等方面作了较为详细的研究。高晓凤的《从〈祈雨感应碑记〉看元代大同地区的祈雨风俗》以祈雨碑刻资料为主要史料，透视大同地区的祈雨习俗等等，关于这方面的成果就不一一列举了。

在研究祈雨习俗的基础上，一些学者也尝试从自然地理、社会环境等方面去探究祈雨习俗形成的深刻原因。如刘景纯的《农业社会的环境应对——明清时期山西的祈雨风尚及其与自然环境的关系》则以山西为例，从明清以前的祈雨及其祭祀的神灵庙宇、明清时期祈雨活动的扩张与所祭祀的神灵庙宇以及祈雨与气候和农业生产之间的关系方面阐释了祈雨活动。张俊峰、董春燕在《明清时期山西民间信仰的地域分布与差异性分析》这篇文章中对存在于山西的雨神：台骀神、三嵕山神和汤帝进行了分析，从它的信仰地域分布上解释了信仰的地域差异。张俊峰在《传说、仪式与秩序：山西泉域社会"水母娘娘”信仰解读》中通过对传统时代山西社会中普遍流传的水母娘娘传说和信仰问题的解读，结合实证性分析，对隐藏在该传说文本后的深层涵义加以剖析，并以此来把握传统时代山西水利社会的发展变迁逻辑。段友文在《山西省临汾平水神碑刻及其水利习俗考述》中通过对平水神祠碑文及相关水利习俗的调查与考述，探究了历史时期民众在水利方面的信仰与风俗习惯。

综上所述，学术界关于清代山西水文化研究已经取得了一定的成果，但仍然处于起步阶段，而对于清代五台山地区的水文化研究成果较少，从该区域的整体视角来研究水文化则更是少之又少，因此本课题的研究对于完善山西水文化乃至全国水文化研究具有重要的意义。

（二）概念界定

水文化概念：关于水文化的界定和文化的界定一样，不具有唯一性，而具有多样性，可以从不同的视角来界定水文化。关于水文化的概念最早是李宗新在 1988 年提出的。他认为水文化是研究水事、水政、水利的发展历史和彼此关系；研究水文化与人类文明、社会发展的密切关系；研究水利事业的共同价值观念等。之后关于水文化概念不断完善，但对于这一问题的认识是仁者见仁，智者见智。水文化有狭义和广义之分，狭义的水文化是指观念形态的文化，主要包括与水关系密切的思想意识、价值观念、精神成果等；广义的水文化是与水有关的文化或是人与水关系的文化。水利部部长陈雷也指出：水文化的实质就是人与水关系的文化，是人类活动与水发生关系时所产生以水为载体的各种文化现象的总和。水是人类社会的必需品，没有水就没有生命，人类为了生存和发展要从事各种水事活动，而与水有关的文化就是在这个过程中产生的。鉴于此，本书中提及的水文化主要侧重水文化创造的源泉——水事活动，它包括人与水打交道的行为过程，也包括用水、治水、管水、观（赏）水、嬉水、护水等实践行为，也包括人们对水的认识、反映、表现等精神互动”①。

空间范围：关于五台山地区的范围，学界有多种认识，过去学界普遍认可“两省四县”说，包括山西省的五台、繁峙、代县和河北的阜平；崔正森先生在《五台山佛教史》中依据五台山山脉的分布情况，提出“两省八县说”，即五台山的地理范围应为山西省的五台、繁峙、代县、原平、定襄、忻州（指市区）、盂县和河北省的阜平县；还有一些现代地理学学者则认为五台山地区位于山西省北部，包括五台县、繁峙县、代县、原平市、山阴县、应县、浑源县、灵丘县、广灵县共九县，等等。本书研究的五台山地区的范围主要依据五台山脉的范围，北接滹沱河上游谷地，西以忻定盆地为界，西南与系舟山相连，其东与太行山合为一体，其间包含的区域。鉴于地域单元和行政区划的差异，本文研究的五台山地区主要是指今山西忻州境内的忻州（指市区）、五台、繁峙、代县、原平、定襄六县，在部分问题的探讨上还包括了今阳泉市的盂县。此外，在论述相关时代背景以及研究对象的历史脉络时，研究的时空范围将会适时放大。

时间范围：本书的研究时段主要集中在清代即1640年至1911年，尽管清代五台山地区的水文化有其特殊性，但文化并非是一个时代产生的，为了呈现出其完整性，本文部分内容的时间会向前或者向后延伸，有的甚至涉及其历史演变过程。

三、研究方案

（一）研究目的

五台山地区是晋北黄土高原水环境较好的区域之一。但学术界对于该地区的水文化没有足够的重视，而随着水环境问题和水危机挑战日益严峻，水

---

① 李宗新．水文化研究的现状和展望［J］．转引自任立良，陈喜，章树安主编北京：中国水利水电出版社，2008：919-925.

文化的研究必将成为一个新兴的、具有广阔前景的科学领域，水文化的应用也必将成为人类保护水环境、实现水可持续利用的重要途径。本选题通过研究清代五台山地区在水与社会互动过程中形成的水文化，旨在理清特定时空中水与社会之间的互动关系，汲取其中优秀的“基因”为今天建设和谐的人水关系提供养分。

（二）研究内容、拟解决的关键问题、基本观点及创新之处

1. 研究内容

本课题拟将复原清代五台山地区的水环境，以及民众以水为基础而进行的水事活动，在此类活动中人与水的关系，以及在水的影响下人与人的关系，从而理清在特定时空下水与社会之间互动从而产生的文化。具体包括四部分内容：第一章五台山地区的历史地理背景；第二章清代五台山地区的农田水利建设；第三章清代五台山地区的水利纠纷及其治理；第四章清代五台山地区的水神信仰。

2. 拟解决的关键问题

（1）复原清代五台山地区的水环境。

（2）探讨特定时空下的水环境与乡村社会之间的互动。

（3）五台山地区水文化的特征。

3. 本项目的创新之处

（1）研究视角的创新。以前的水文化主要集中在精神层面上，本课题从历史地理视角去探究水文化，不仅视角较新，而且研究范围扩大。

（2）研究方法的创新。已有水文化的研究主要侧重理论和意识形态的研究，所使用方法都是逻辑研究方法，而本课题研究的基础是通过大量的碑刻资料和实地考察资料获取大量的个案，通过研究典型个案，从而总结一般性规律，论据更加可靠。同时，采取比较研究的方法，对水文化相关理论与实际进行比较分析，从而使规律更加明显。

（3）研究内容的创新。本课题侧重研究清代五台山地区的水文化，而这一领域目前还属于起步阶段。

（三）研究方法与技术路线

本课题主要采用传统历史地理学的研究方法，即文献考证与实地考察相结合的方法，对文中出现的数据会用到统计学的数量分析法。此外，由于本研究的多学科交叉性质，综合运用社会学、民俗学、地理学等学科的研究方法是非常重要的。

第一章　五台山地区的历史地理背景

第一节　五台山地区的地形特征

五台山位于山西省东北部，系太行山余脉，因其是佛教圣地而闻名遐迩，狭义的五台山指五座主峰环抱的区域，以台怀为中心，即五台山风景名胜区，称“台内”，广义的五台山包括整座山脉向延伸跨越之地，除了台内之外的地域，均称为“台外”，本书涉及的这一区域主要包括今山西省的繁峙、五台、代县、原平、忻州（指市区）、定襄。五台山因主峰地区由五个山顶平台组成，故因此而得名，《水经注》言：“其山，五峦巍然，迥出群山之上，故谓五峰”。光绪版《山西通志·山川考五》言：“五台山……上有五峰高出云表，山顶平广，无林木，有如垒石之台，故名五台”。五台山，又名五顶山，亦名清凉山。《大方广佛华严经疏》第四十七卷第三十二品《诸菩萨住处品》曰：“清凉山，即代州雁门郡五台山也，于中现有清凉寺。以岁积坚冰，夏仍飞雪，曾无炎暑，故曰清凉。五峰耸出，顶无林木，有如垒土之台，故曰五台”。五台山整个山势呈五瓣莲花状，中心最低处为台怀镇，海拔 1700 米。周围五台，北台叶斗峰，海拔 3058 米，为省内第一高峰，亦为华北之冠，距台怀镇 25 公里；西台挂月峰，海拔 2773 米，距台怀镇 25 公里；南台锦绣峰，海拔 2485 米，距台怀镇 15 里；中台翠岩峰，海拔 2894 米，为省内第二高峰，距台怀镇 20 公里；东台望海峰，海拔 2795 米，登顶可观日出，距台怀镇 15 公里。所言东西南北中各台，其相对位置名与实符，皆环列于清水河上游谷地两侧。五台山脉的范围，北接滹沱河上游谷地，西以忻定盆地为界，西南与系舟山相接，其东与太行山合为一体。山脉呈北东东走向，绵延 130 余公里。其北坡以断层与滹沱河谷地相接，界线平坦，山高坡陡；山脊线偏于北侧，河流短促，水流湍急。从主峰向西或向南均缓斜降落至 2000 米以下。南坡还有几个山间小盆，称豆村、茹村、五台、东冶盆地，诸盆地错落有序，为山区明珠①。

山西地质构造的骨架和地貌基础主要是受中生代时期燕山运动的影响奠定的，新生代在喜马拉雅山运动的影响下，隆起带形成山脉，沉降带构成内陆断陷盆地，基本上形成山西现代地貌形态②，五台山境域内的地形受此影响极为复杂，由于受五台山脉走向影响，境内主要为五台背斜隆起和滹沱河断陷盆地，由于历次地质构造运动，使境内地形表现出重峦叠嶂、丘陵起伏、沟壑纵横、高差悬殊的特征③。这一区域主要包括部分滹沱河上游谷地自然区、部分滹沱河平原自然区、五台山山地自然区、五台山盆地自然区、部分系舟山山地自然区，其中忻定盆地所在的地区是五台山地区的主要农耕区。

五台山山地自然区，五台山是剥蚀断块中山，海拔 2000-3000 米，相对高差 1000-2000 米，山体向北翘起，北坡陡峻，南坡缓斜，顶部是老第三纪的准平原化的夷平面，即所谓北台期夷平面，并因向北翘起，夷平面发生倾斜，使南北面高差明显。自下而上土壤依次为淡褐土、山地褐土、山地淋溶褐土、山地棕壤、亚高山草甸土。海拔 1300 米以下多为耕地，作物为玉米、谷子、马铃薯为主，山坡可见白羊草、铁杆蒿等杂草；1300 米以上有土庄绣线菊、虎榛子灌丛，油松和辽东栎林，林下有虎榛子、苔草等。阴坡有白桦和山杨林、含有冷杉的云杉林、华北落叶松林，箭叶锦鸡儿和山柳组成的亚高山灌丛，五花草甸和蒿草草甸两种亚高山草甸④。

---

① 山西省史志研究院编 . 山西通志（第二卷）［M］. 上海：中华书局，1996：99.

② 山西省史志研究院编 . 山西通志（第二卷）［M］. 上海：中华书局，1996：58.

③ 山西旅游景区志丛书编委会 . 五台山志［M］. 太原：山西人民出版社，2003：17.

④ 山西省地图集编纂委员会 . 山西省自然地图集［M］. 上海：上海中华印刷厂，1984：14.

五台山盆地自然区，位于五台西南的挠曲拗陷带上，包括豆村、智家村、茹湖、五台、东冶、宏道等小盆地，海拔900-1500米，盆地内有三趾马红土、黄土和其它松散堆积层，多属波状平原，部分为黄土梁。隔开盆地的山脊多为太古界变质砾岩、石英岩、千枚岩等，南部出现奥陶系灰岩等，高出盆地200-300米。盆地内多为耕地，种植玉米、谷子、小麦、莜麦、马铃薯等，周围山地为淡褐土、淡褐土性土、山地褐土，植被多是由嵩类、白羊草、长芒草、土庄绣线菊等组成的灌木草地①。

系舟山山地自然区，系舟山由寒武奥陶系灰岩组成，是溶蚀侵蚀中山、呈单面山形，北陡南缓、类似五台山。地下有溶洞发育，是娘子关泉的补给区。有一些石灰岩宽谷，宽谷中有三趾马红土堆积，较好地保存着唐县期古地形。土壤为淡褐土、山地褐土，植被以白羊草和蒿类为主，含有土庄绣线菊、虎榛子等灌木。油松和辽东栎组成的混交林，残存于深山顶上②。

滹沱河上游谷地自然区，滹沱河上游谷地呈北东向展布，是一个断裂谷地，山前有串珠状洪积扇，洪积倾斜平原发育，河谷平原狭长，位于河流上游，组成物质比较粗糙。土壤是淡褐土性土，植被为长芒草、茭蒿、白羊草混生黄蔷薇的灌木草地，河漫滩上可见拂子芽、小糠草等，大部是耕地，种植小麦、谷子、高粱、糜黍、马铃薯等，也有少数水稻③。

滹沱河平原自然区，滹沱河平原是忻定盆地的主体，海拔800米左右，冲击层分布广泛，地势平坦、河床曲折蜿蜒，低洼处有盐渍化现象。滹沱河一些故道，成为宽谷，与现代河道间，被突起的金山分隔开。土壤是淡褐土性土、浅色草甸土、盐化草甸土、草甸盐土等，其分布受地下水位制约。绝大多数已成为耕地，种植高粱、谷子、玉米、小麦等，棉花种植不多，盐碱地多种向日葵。盐化程度高的地方只有一些狗牙根、马牙头、盐吸等盐生植物，

---

① 山西省地图集编纂委员会．山西省自然地图集［M］．上海：上海中华印刷厂，1984：14.

② 山西省地图集编纂委员会．山西省自然地图集［M］．上海：上海中华印刷厂，1984：14.

③ 山西省地图集编纂委员会．山西省自然地图集［M］．上海：上海中华印刷厂，1984：15.

田间杂草的有苦苣菜、萹蓄、稗草、虎尾草等[①]。

忻定盆地，包括滹沱河上游谷地，东北起于繁峙大营一带，南至系舟山山前，东、西侧的界线不规则，以忻州、定襄一带最为开阔。滹沱河上游谷地海拔1000～1200米，至定襄降至800米左右，地形平坦，包括繁峙、原平、代县、忻州及定襄的平原地区。这种陡峭的地形及比较大的落差使得滹沱河上游地区的繁峙县等地无法有效利用滹沱河水，水利落后。滹沱河“自上而下，水势陡泻，遇山水暴涨，一涌辄涸，濒河民田不能设立渠道”[②]，盆地内地势平坦，中部低洼地区有盐碱地分布。忻定盆地位于太原以北，大同以南，是山西五大盆地之一，总面积2157平方公里，海拔高度800-1000米。四周高山峻岭环绕，属于封闭性的山间盆地，北有恒山、南有系舟山，东西两面有五台山和云中山，滹沱河从盆地中央贯穿而过，两边为肥沃的冲积平原。

复杂多样的地形地貌不仅直接影响到民众的营生方式选择，而且对民众的用水观念有很大的影响，如滹沱河沿岸的水利建设进行水利灌溉，山前田地进行淤灌，无地上水的逐渐开始利用地下水，除此之外，民众对水神的崇拜也是环境综合力之下的选择。

第二节　五台山地区的气候特征

气候，是自然地理环境的重要组成要素，它不仅直接影响到水资源的分配，而且对土壤、生物和地貌的形成与分布也起着极为重要的影响作用，气候的变化主要体现在温度和降水两方面，多以冷、暖、干、湿等主要特征来衡量，从竺可桢先生对我国五千年来气候的研究[③]可知，历史时期我国的气候变迁呈现出冷暖交替、整体趋势变得寒冷、干燥的特征，其中明清时期就是一个寒

① 山西省地图集编纂委员会．山西省自然地图集［M］．上海：上海中华印刷厂，1984：15.

② 雍正《山西通志》卷33《水利》，雍正12年刻本。

③ 竺可桢．中国近五千年来气候变迁的初步研究［J］．考古学报，1972，（1）：15-17.

冷期，又称明清小冰期，就清朝而言，又可分为清前期的短暂气候寒冷期、清中前期的气候相对温暖期和清中后期的漫长气候寒冷期三个阶段①。就目前研究的成果而言，还没有专门研究历史时期五台山地区的气候，因此对于历史时期该地区的气候情况，我们只能依据史料记载以及当代气候数据资料以及涵盖该区域或者相邻区域的研究成果来窥探一二。

清代五台山地区所属的华北地区气候特征是寒冷干燥，王绍武先生在《公元1380年以来我国华北气温序列的重建》②中认为华北地区的气温特征“1550S—1690S，1800S—1860S是两个寒冷期，这两个寒冷期要比竺可桢提出的提前70年和40年，1860S之后气温逐渐回升，1880S已接近近百年的平均值”；此外易亮、刘禹等人《山西芦芽山地区树木年轮记录的1676AD以来5～7月温度变化》③通过研究山西芦芽山地区的树木年轮，认为1676年以来夏季温度可划分为两个时段，1676～1865和1866～2003。1676～1865夏季温度表现为“冷强暖弱”的特征，1710～1720年代、1750年代、1780～1790年代、1810年代和1840～1850年代五个冷谷与1740年代和1830年代两个暖峰，其中1710～1720年代是最冷时段；1866～2003时期，夏季温度呈现出“总体持续变暖，冷暖交替频繁”的变化特征。此外，李强、刘禹等人《山西宁武地区1686年以来年降水重建》④通过对山西宁武地区油松的树轮宽度研究，重建了该地区过去318年的全年降水，其中1711～1720年、1765～1824年、1842～1872年、1883～1886年降水较多的时期，1693～1710年、1720～1764年、1825～1841年、1873～1882年、1901～1930年为降水较少的时期，其中1693～1710年、1721～1740年、

---

① 葛全胜等.中国历朝气候变化［M］.北京：科学出版社，2010：588.

② 王绍武.公元年以来我国华北气温序列的重建［M］.中国科学B辑，1990（5）：553-560.

③ 易亮，刘禹，宋惠明.山西芦芽山地区树木年轮记录的1676AD以来5～7月温度变化［J］.冰川冻土，2006，28（3）：330-336.

④ 李强，刘禹，蔡秋芳.山西宁武地区1686年以来年降水重建［J］.第四纪研究，2006，26（6）：999—1006.

1825～1841 年、1901～1930 年干旱尤为严重。

学者对五台山地区临近的芦芽山地区的研究，也侧面说明这一地区的气候与上述华北地区基本相同，如 1860 之后出现气温回暖趋势，基本上一致，但寒冷期存在差异，主要是因为研究芦芽山区的夏季温度和降水所选用的树木是在现芦芽山保护区内最高峰荷叶坪采样的，该地海拔为 2400～2600 米，是典型的严寒多雨区，夏季较短，冬季长达 250～300 天，年平均气温低于 5℃，年降水量大于 550 毫米[①]，据此可知，该地域与华北地区的气候还是存在很大的差异的，但其与五台山山区类似，因此可以借鉴，而五台山地区的其他平川、谷地区则可以参考上述华北平原的研究成果。

五台山地区位于黄土高原上的山西省东北部。山西东有太行山，西有吕梁山，受东西山脉和境内地形的影响，是典型的温带大陆性气候。该气候的特征是：冬季寒冷干燥、夏季炎热多雨，秋雨多于春雨，春温高于秋温，各地温差悬殊，降水高度集中。冬季受极地大陆冷气团控制，盛吹偏北风，干冷少雪，1 月份最冷，平均气温 -8℃～ -18℃，年极端最低气温 -21℃～ -45℃，季降水量 2～27 毫米，占年降水量的 3% 左右。春季属极地大陆气团衰退和副热带海洋气团西进北上交替之季，形成温暖、干燥、多风沙气候，4 月份平均气温 -4℃～ -12℃，季降雨（雪）量 42～120 毫米，占年降水量的 7～17% 左右，该季风多风大，温度回升较快，蒸发强盛，“十年九春旱”。夏季受副热带海洋气团影响，盛吹偏南风，高温、潮湿多雨。7 月份最热，季平均气温 10℃～24℃；年极端最高气温 20℃～40℃。降雨量高度集中，季降雨量达 220～440 毫米，占年降水量的 56～74% 左右，尤以 7、8 月为最高，因该季副热带海洋气团强弱和进退早晚不定，形成降雨很不稳定，年际变化大，致使旱、涝不均。秋季副热带海洋气团削弱南退，极地大陆气团重返南下，形成短时秋高气爽天气，随着冷气团的迅速控制，温度很快下降，10 月份平均气温 -3℃～10℃，季降水量 70～180 毫米，占年降水量的 17～26% 左右。

① 《忻州水利志》编纂委员会 . 忻州水利志［M］. 太原：山西人民出版社，2015：5.

五台山地区，受东北西南走向的东、西、中三支山脉和其内山地、丘陵、盆地、河川等地形的影响，又形成了由北向南的三种气候，即严寒区、温凉区和温和区。严寒区主要指五台之内，温凉区为五台县城附近，温和区为滹沱河的南北两岸。① 由于境内地形差异较大，因此，对气候的影响也较大，降水量随高度增加而增多，其中尤以五台山最高，也是降雨量最多的地方，但温度会随着高度的增加而降低，从低山到高山，气温降低，雨水增多，年平均气温从 7℃降到－ 4℃，一天之内可经历晴、阴、雨、雪的急剧变化，素有“十里不同天”之说。五台山是典型的严寒多雨区，冬季漫长而严寒，台山“五峰”冬季竟达 300 ～ 340 天，降水多，风力大，天气多变，无夏季，年平均降水量 460 ～ 900 毫米，低山河谷盆地雨季短，降水少，一般只有 400 毫米上下，随海拔升高雨季延长，降水迅速增加，到五台山顶达 900 毫米左右。② 五台南部丘陵温凉雨水较少区，昼夜温差大，介于 9.4℃～ 12.6℃；积温有效率高，年平均气温 7℃左右；年降水量是 450 毫米～ 550 毫米。该地区除五台山之外的平川、谷地温暖少雨区：包括忻府区、定襄、原平平川区、繁峙、代县川谷区、五台的部分地区，该区四季较分明，春季仅 70 天，光能资源丰富、温暖干燥，多风。夏季 60 ～ 70 天，温高，降水集中。秋季 50 ～ 55 天，秋高气爽。冬季 180 天左右，寒冷少雪。年平均气温高于 8℃，年降水量少于 450 毫米。③

其中滹沱河流域地处中纬度，属温带季风气候，受极地大陆气团和副热带海洋气团影响，四季分明。春季多风而干燥，夏季炎热而多雨，秋季天高而气爽，冬季寒冷而少雪。流域多年平均气温 8℃左右，年内 1 月份最冷，平均气温为－ 8 ～ 18℃；7 月份最热，平均气温在 9.6℃～ 23.4℃。年极端最低温度台山为－ 44.8℃。盆地区为－ 27.8℃，极端高温，平原达 40.4℃，年内低于－ 10℃的天数，五台山为 100 天，平川 70 ～ 80 天，高于 30℃的天

① 崔正森 . 五台山佛教史（上）［M］. 太原：山西人民出版社，2000：15.

② 山西省地图集编纂委员会 . 山西省自然地图集［M］. 上海：上海中华印刷厂，1984：76.

③ 《忻州水利志》编纂委员会 . 忻州水利志［M］. 太原：山西人民出版社，2015：5-6.

数，平川为 40 天以上。月平均气温大于和等于 10℃以上的总积温，平川区位 2700 ~ 3300℃。流域内多年平均日照时数 2600 ~ 2900 小时，全年日照率在 60% 以上。流域无霜期随地面高程而异，平川 130 ~ 210 天，高山区不足 100 天，初霜期平川为 9 月下旬至 10 月上旬，终霜期早到 3 月下旬，最迟可推到 5 月下旬[①]。

此外，滹沱河流域的降水量也分布不均，该流域多年平均降水量为 495.4 毫米，大部分地区降水量在 500 毫米以下，五台山地区（指山区）大于 550 毫米，中台顶可达 904.4 毫米，代县阳明堡以上滹沱河谷地区降水量最低，沙河站多年平均降水仅为 386.7 毫米。降水的年际变化较大，变率为 0.5 ~ 0.81。最大年降水量达 1610 毫米，最小年 1972 年原平站降水量仅有 162.4 毫米，降水年内分配极不平衡，夏季 6 月、7 月、8 月 3 个月的降水量占到全年的 60% ~ 70%。于此相对应的是滹沱河流域内平均年水面蒸发量 939.3 毫米，分布特点为山区小平川大，平川区一般天然水体水面蒸发量全年为 900 ~ 1000 毫米，高山区为 600 ~ 900 毫米。繁峙县河沙镇因少雨而多风，蒸发量最大年平均 1039.5 毫米。中台顶最弱仅为 599.2 毫米，一年之内，5 月份蒸发量最大，约占全年 15% ~ 20%。冬季最小，3 个月仅占年总量的 8% 左右。[②]总的来说，该区域的蒸发量大于降水量，气候的干旱特征比较明显。

第三节　五台山地区的水资源

一、五台山地区的河流

五台山地区主要的河流是滹沱河及其支流，滹沱河是海河流域子牙河水系的支流，发源于山西省忻州市繁峙县五台山北麓山脉下，向西过繁峙、代县、

① 李英明，潘军峰．山西河流［M］．北京：科学出版社，2004：395.

② 李英明，潘军峰．山西河流［M］．北京：科学出版社，2004：395.

南流经过原平县，之后折向东南流，流经忻县、五台至盂县出省境进入华北平原。滹沱河在山西境内的长度约334公里，流域面积14686平方公里，省内水力资源理论蕴藏量18.17万瓩[①]。滹沱河在五台山区域流域面积11936平方公里，长250公里，平均纵坡1/700，河床宽100～800米，忻口至东冶河道纵坡变缓，为1/1000左右，河床宽达800～1600米；东冶镇以下，河床收缩，纵坡加大至1/620；至五台甲子湾、坪上一带，河床宽100米以下，纵坡陡度达1/170～1/140[②]，滹沱河干流自五台段家庄以下，水力资源丰富，是山西省水电的重点开发河段。滹沱河有支流21条，其中流域面积大于100平方公里的有13条，即沿口河、羊眼河、峨河、峪河、中解河、长乐河、阳武河、永兴河、云中河、牧马河、同河、小银河、清水河，其中以清水河、阳武河、云中河、牧马河、乌河5条支流最大[③]。其中水力资源最有开发价值的是五台县的清水河，该河发源于五台山南麓五台县台怀镇紫霞谷与东台沟，水量丰富，年径流深度高达230余毫米[④]，河长113.4公里，流域面积2405平方公里，水力资源理论蕴藏量2.64万瓩[⑤]。

滹沱河在忻州地区的流向呈一“C”形，以“C”形的两个转折点为节点，分为上、中、下三个部分，“上段从发源地至原平与代县交界的大营村，河流为东北—西南流向；中段从大营村至忻口一带，河流近似于南北流向；忻口以下，河道弯曲，流向基本为东—西向又略往南斜，称之为下段”，人们习惯上称上、中两段流域是“繁代谷地”，下段被称为“忻定盆地”，而在地质学中，这一区域则被统称为“忻定盆地”。[⑥]滹沱河从繁峙县大营镇的任

---

① 山西省地图集编纂委员会．山西省自然地图集［M］．上海：上海中华印刷厂，1984：88。

② 山西旅游景区志丛书编委会．五台山志［M］．太原：山西人民出版社，2003：22.

③ 李英明，潘军峰．山西河流［M］．北京：科学出版社，2004：392.

④ 山西省史志研究院编．山西通志（第二卷）《地理志》［M］．上海：中华书局，1996：195.

⑤ 山西省地图集编纂委员会．山西省自然地图集［M］．上海：上海中华印刷厂，1984：88.

⑥ 侯毅．山西滹沱河流域考古调查报告［R］．郭俊卿．忻州考古论文集［C］．太原：山西科学技术出版社，2008：135-249。

家湾起，至下茹越水库之间，约有40公里为山间谷地河段，南北两山相距2～7公里，河漫滩宽约1公里，河床沙层很厚，在砂河镇附近，砂层厚60余米，此段河流潜入地下，有“四十里潜流”之称。从繁峙孤山村至下茹越村，属山谷河段，长66公里，岸高河窄坡陡，呈下切现象，河道一般宽30～50米，纵坡为2‰～5‰，为粗砂夹砾石河床。下茹越至原平忻口镇长100公里，河床宽浅，河宽300～1000米，纵坡较缓，约0.8‰～2‰，岸高1～2米，为细砂夹粗砂河床。忻口镇以下至五台县济胜桥，主要流经忻定盆地，河床坡度平缓，约1‰～1.5‰，岸高1米左右，淤积严重，河宽200米左右，为细沙河床。济胜桥以下，河床逐渐变窄，至盂县出省境均为石质山区，河宽100余米，纵坡6.6‰。清乾隆五十九年（1794年）滹沱河洪水波及整个流域，其中心在五台县清水河。清水河上的长江滩村控制面积700平方公里，洪峰流量竟达3890立方米/秒。滹沱河干流盂县活川口村控制面积13965平方公里，洪峰流量达8650立方米/秒。①

据统计滹沱河流域1956～2000年的年平均径流量13.9亿立方米，径流系数0.149，而且径流的年内分配极不均匀，平水年份汛期径流量一般占全年水量的60%～70%以上。森林区及受泉水补给的河流汛期水量也占到全年水量的50%左右，而枯季特别是5月份常常有断流现象。径流的年际变化也较大，一般河流枯水年径流量只有丰水年径流量的10%以下，森林区及受泉水补给的河流如阳武河也不过30%②。

明清以来滹沱河上游各支流流域内的植被破坏严重，据记载，明朝初年，晋北的森林是非常茂盛的，“自偏关、雁门、紫荆、历居庸、潮河川、喜峰口，直至山海关一延裹数千余里，山势高险，林木茂盛，人马不通”③，曾被看作

① 山西省史志研究院编．山西通志（第二卷）《地理志》［M］．上海：中华书局，1996：195-196.

② 李英明，潘军峰．山西河流［M］．北京：科学出版社，2004：396.

③ ［明］马文升．为禁伐边山林木以资保障事疏［C］．（明）陈子龙等选辑．明经世文编（卷六十三）［M］．北京：中华书局，1962：528.

是抵挡蒙古骑兵的第二藩篱。然而，随着人口的急剧增加，与森林争地已成趋势，“清代由于人口迅速地增加，人均耕地相对减少。如隋朝人均42.2亩，唐朝27亩，明朝11.5亩，清朝只有2.3亩”，山西的人均土地面积也在急剧下降，而晋北地区又由于土地贫瘠，粮食产量低下，则需要更多的耕地来满足不断增加的人口的需求，拓垦的范围逐渐扩大，从平川地区进入山区，平川地区不仅森林被砍光，就连散生树木也少见，山区的林木也逐渐被砍伐殆尽，致使这里的森林资源受到极大的破坏。及至清代，晋北地区的森林资源与明初相比，已经不能同日而语了，五台山地区也不例外，五台县是五台山地区森林资源最丰富的地区，其森林资源在整个晋北地区也是首屈一指的，即使是清代该县的森林明显减少了，但依然可观，史书有这样的记载：县西南八里观上村后面的紫罗山，“苍松郁茂”“峦高松茂”，县北二十五里的锦屏山“岩花林树”，县东的黑山“林木丛茂”，东四十里太师山下的龙湾泉“长松数千株”，东北四十里的二仙山“峰峦殊秀，长松数株”等等，其中康熙二十三年（1684年），清圣祖西巡还京，沿长城一线东行，在经过五台县东北一百三十里的射虎川时，“忽有虎伏林莽间，亲挽雕弧射之，虎应弦毙”①，可以推知当时射虎川的森林应该是非常广。此外，清朝皇帝巡幸五台山的行为严重地破坏着五台山的森林。康熙皇帝4次亲幸五台山，乾隆皇帝亦6次巡台，再加上嘉庆皇帝1次巡台，共11次。每次巡台前都要大建行宫、兴筑皇城，这需要砍伐山谷中的大木并扫荡台内的残林。有一次康熙皇帝巡台，因惧怕路旁林中藏虎，亦担心被人暗害，于是下令侍从军用箭四射，凡箭及范围之内的山林全部烧毁，林木一旦燃烧起来，蔓延不止，被焚之林恐怕要远远超过一箭之程。

由于五台山地区位于山西省东部，太行山对东南气流有明显的提升作用，降水量相对偏丰，出现暴雨洪水的机会比较频繁，而滹沱河上游地区的森林

① 光绪《山西通志》卷三五《山川考五》［M］. 北京：中华书局，1990：2918.

覆盖率极低，调蓄能力很差，再加上滹沱河流域山丘区占了 80% 左右[①]，土质疏松，沟壑纵横，所以水土流失十分严重，洪水总是携带大量泥沙奔流而下，致使下游及滹沱河干流淤积严重，河床不断抬高。

二、五台山地区的泉水

山西地处黄土高原，从地形、地质构造上看，东西两侧受太行、吕梁两大山脉的控制，中部从北向南是一系列新生代断陷盆地，对于地下水的积聚、涌出都是成泉的有利条件。山西是泉水出露较多的地区，特别是北方岩溶大泉发育的典型地区，全省大于 0.01 立方米 / 秒的泉共有 257 处，总流量 118.33 立方米 / 秒，年总流量 37.3 亿立方米，岩溶大泉的分布与碳酸盐岩类岩石分布相一致。根据岩溶大泉的水文地质特征，按其形成条件可分为三大类型：构造泉、侵蚀泉、构造侵蚀泉[②]。太行山北段的五台山地区即是以裸露型的碳酸盐类岩石分布为主，是典型的侵蚀构造型泉水，这类泉水主要储水构造以单斜、向斜构造为主。泉水受潜水或承压水补给，动态一般较稳定。该地区主要的溶岩泉域[③]有坪上泉和马圈泉。坪上泉域位于五台县、定襄县境内。多以散泉形式出流，主要排泄区位于五台县南部约 30 公里的滹沱河、清水河汇合口处。据《忻州水利志》中的统计，滹沱河流域甲子湾村以南、清水河流域胡家庄以西至戎家庄村以东的泉域边界内，有大小泉点 221 个，构成 4 个泉组，其中滹沱河区有甲子湾、水泉湾、段家庄 3 个泉组；清水河区为李家庄泉组（含胡家庄、耿家会、李家庄、坪上散泉群），泉域面积 2817 平方公里，坪上泉多年平均资源量为 14854 万立方米 / 年，可开采量 9524 万立方米 / 年[④]。马圈泉，位于今原平市西北约 27 公里、轩岗以东约 5 公里阳

① 李英明，潘军峰 . 山西河流［M］. 北京：科学出版社，2004：402.

② 山西省史志研究院编 . 山西通志（第二卷《地理志》）［M］. 上海：中华书局，1996：219.

③ 岩溶水向地表流出的天然露头，岩溶泉的地表，地下补给范围称岩溶泉域。

④ 《忻州水利志》编纂委员会编 . 忻州水利志［M］. 太原：山西人民出版社，2015：16-17.

武河峡谷两岸，主要从两岸基岩裂隙中以散泉形式溢出，总面积754平方公里，多年平均资源量为2775万立方米/年，可开采量为2302万立方米/年[①]。

五台山境域内泉水较多，按流域统计，清水河流域有泉水165处，水流量1688公升/秒。泗阳河流域有泉水41处，水流量348公升/秒，虑泗河流域有泉水16处，水流量208公升/秒。小银河流域有泉水13处，水流量497公升/秒。滹沱河流域有泉水9处，水流量157公升/秒。就县域而言，五台县的泉水资源较为丰富，共有小泉、小溪224处，总流量2.76立方米/秒，全年总径流量为0.8703亿立方米，占正常年清水河流量总经流的38.8%。其中较大的泉水有台怀镇的般若泉，中台太华池、射虎川神武泉、城关九女泉、东龙泉村的龙泉、天和乡的龙泉洞等等。代县属五台山范围的泉水有29处，其中聂营乡9处、新高乡3处、滩上乡7处、八塔乡2处。较大泉水有聂营乡井神庙泉、佛爷弯泉等。原平县属五台山范围的泉水有11处，主要有东社镇寿山泉、下长乐下东泉、王北窑村西沟泉等[②]。

明清时期，由于大面积的森林被砍伐，泉水逐渐萎缩，流量减少，有的成了潺潺细流，有的冬季枯竭，只待夏季多雨时出水，有的完全枯竭消失了。就是山西有名的“有泉百余区”的万泉县，到了清朝也出现了“万泉无泉”的谚语。可见，明清时期山西泉水逐渐萎缩枯竭[③]。在人类活动和自然环境的双重作用下，五台山境域内的泉水资源也逐渐枯竭。

此外，关于五台山境域内地下水储量，尚无完全统计，其地下水总的补给来源为大气降水，地下水的排泄主要以泉水的形式自流排出，然后经河流水溪注入滹沱河，最后排入海河，但地下水的补给和排泄，因各含水岩系分布地形和构造不同而差异很大，如五台县耿镇、高洪口一带，其补给来源除了大气降水外，还接受地表水的补给；五台东冶盆地，繁峙县滹沱河平川等

---

① 《忻州水利志》编纂委员会编．忻州水利志［M］．太原：山西人民出版社，2015：17.

② 侯文正主编．五台山志［M］．太原：山西人民出版社，2003：24.

③ 梁四宝，韩芸．凿井以灌：明清山西农田水利的新发展［J］．中国经济史研究，2006，（4）：85-89.

除了大气降水外，地表水、各个含水岩系地下水、灌溉余水等都对其有所补给。另外，五台山境域内的地下热水也比较丰富，而且具有由北向南水文递减的特点，其中比较出名的有忻州奇村乡的南高井、定襄县受禄乡的汤头井、原平县大营乡的大营井等[①]

第四节　五台山地区的历史沿革

本书研究的五台山境域内的基本情况，主要以今山西省的繁峙、五台、代县、原平、忻州（指市区）、定襄为主，下面将以上几县在各个时期的行政建置和归属情况的历史沿革详述如下：

五台山地区历史悠久，远在旧石器时代，就有人类活动，在新时期时代，已有人类的聚落，西周、春秋时期，这里先后属唐国、晋国所辖，当时境内形成了一些城邑，比较著名的如霍人邑，其位于今天繁峙县东。

战国时期，公元前403年，韩、赵、魏三家分晋地，五台山地区属于赵地；秦统一后，以勾注山为界，北置雁门郡、南置太原郡，五台山地区属于太原郡，境内置有葰人县（今繁峙县东）、繁峙县（今繁峙县东北）。

汉高祖六年（公元前201年），太原郡改为韩国，五台山地区遂为韩国地域，十一年（公元前196年）又改韩为代，五台山地区遂为代国，元鼎三年（公元前114年）代又改为太原郡，其时，五台山地区境域内置县有霍人县（原葰人县西，今繁峙县境内）、卤城县（原葰人县东，今繁峙县境内）、广武县（今代县古城村）、原平县（今原平市东）、滤虒县（今五台古城村）、阳曲县（今定襄县城西），均属于太原郡。东汉初沿袭西汉建置，五台山地区各县归雁门郡。雁门郡郡治在阴馆县，境内有卤城县[②]（废除原来的鲁府，

① 山西省史志研究院编．山西通志（第二卷《地理志》）［M］．上海：中华书局，199：224.

② 新莽时，葰人、卤城并废，改称鲁府。

设置卤城，葰人县并入）、广武县[①]、原平县（今原平市境）、滤虒县（今五台县境）、阳曲县（今定襄县境）。后因匈奴不断南下进犯今忻州地区的北部，据《三国志·魏书》武帝纪记载：建安二十年（公元215年）“省云中、定襄、五原、朔方郡，置一县领其民，合以为新兴郡”。郡治九原（故治今忻州市西南），领九原、定襄、云中、雁门等县。废汾阳（今静乐县境）入九原，云中县移至今原平境内楼板寨一带，原阳曲县（故治今定襄县境）治迁太原境，旧地置定襄县。

三国时期五台山区域各县皆属魏国，隶属于并州雁门郡和新兴郡，因匈奴屡犯勾注山以北一带，雁门郡郡治从阴馆县迁于广武县城（今代县境内），统领八县，其中广武、繁峙、葰人、原平属雁门郡，原雁门郡所属各县均废。今忻州市区仍称九原县，属魏国，隶并州新兴郡，滤虒县（今五台县境）、定襄也属并州新兴郡，滤虒县曾一度为匈奴北部帅所居。

西晋时期，因袭魏制，五台山区域分属雁门郡和新兴郡[②]，葰人县、原平县等属雁门郡，定襄县属新兴郡。晋惠帝元康元年（公元291年），改新兴郡为晋昌郡，定襄县、晋昌县（故治在今定襄横山季庄一带）属之，后又改为新兴郡。永嘉四年（公元310年），北鲜卑族拓跋猗卢入居代郡（今代县一带），受封代王，崞县（县治在今原平市郭阳镇）、繁峙为代地。

东晋十六国时期，战乱频繁，行政建置较为混乱。五台山区域内卤城（今繁峙境）、葰人（今繁峙境）、广武等先后被后赵、前燕、前秦、后燕、魏等占有，分属雁门郡、晋昌郡。晋孝武帝太元二十一年（公元396年）广武县入北魏，初属司州，后属于肆州。北魏天兴元年（公元398年）原平县改属肆州秀容郡。

南北朝时期，五台山地区先后为北魏、东魏、北齐、北周所统治。北魏，

① 新莽时期广武县改为信桓县。

② 《晋书·地理志》：“新兴郡，魏置，统县五：九原、定襄、云中、广牧、晋昌。惠帝改新兴为晋昌郡”。《元和郡县志》忻州“曹公立新兴郡，理九原，即今州是也……义旗初，又置新兴郡，武德元年废郡复置忻州”。

新兴郡侨治到江南地区[1]，原郡境内置肆州（治所在九原），领有秀容、永安（郡治在今定襄县境）、雁门三郡 11 县，除了阳曲县，其他 10 县都在今五台山境域内，有隶属于永安郡的定襄县、平寇（县治在今忻府区境内）、驴夷县[2]、蒲子（治所在今原平县境内）；隶属于秀容郡的秀容、石城[3]、肆卢（治所在今忻州市奇村辛庄一带）、敷城（治所今原平县红池一带）；隶属于雁门郡的原平（治所今代县城正西）、广武（今代县西南）。东魏武定元年（公元 543 年）在石城县境置廓州（州治在今原平县崞阳镇）。北齐时，废除秀荣郡，平寇县移至定襄县境，驴夷县改属雁门郡，廓州改为北显州，州治在今原平县崞阳镇，隶并州。北周大象元年（公元 579 年），肆州治所自九原移上馆城。其时，州、郡、县志均在广武县城（今代县城），废北显州存石城县。

隋开皇元年（公元 581 年）复置新兴郡，治九原，隶冀州，秀容县（移治九原城）属冀州。开皇五年（公元 585 年），废雁门郡，并改肆州为代州，石城、雁门县属之。同时代州又置总管府。开皇十年（公元 590 年），移平寇于石城县，又设置铜川县（县治为今原平城头村），后省平寇入秀容，属娄烦郡。开皇十八年（公元 598 年）废新兴郡，置州，称为忻州，治秀容。隋大业初年（公元 605 年），改代州复为雁门郡，隶冀州，雁门县、繁峙县、崞县、五台县属雁门郡。废铜川县和石城县，改平寇县为崞县（县治为今原平市崞阳镇）、驴夷县改名五台县（因五台山而得名），改繁峙迁于今大堡戌（今代堡村）。

唐武德元年（公元 618 年），改雁门郡为代州。唐贞观元年（公元 627 年），五台山区域内各县属河东道代州、忻州。代州治今代县管辖雁门县、崞县、五台县、繁峙县、唐林县，此地域范围大致相当于今原平、代县、五台、繁峙等地。忻州治今忻府区，管辖今忻府区与定襄县。贞观五年（公元

---

① 《读史方舆纪要》卷七十八“江左侨新兴郡，领广牧、定襄、云中、九原、宕渠、新丰六县”。

② 北魏太和十年（公元 486 年）滤虒县改为驴夷县（县治在今五台古城村），属肆州永安郡。

③ 永兴元年（公元 409 年）原平县改称石城县（县治为今原平市崞阳镇）。

631），以思结部落驻于秀容境，置怀化县，属顺州，县治在今原平县南怀化村。贞观十二年（公元 638 年），怀化县改属代州，后并入秀容。武则天证圣元年（公元 695 年）析五台、崞县之地置武延县，隶代州（县治在今原平唐林岗一带）。神龙元年（公元 705 年）武延县改称唐林县，仍属代州。五代时，五台山区域各县建置变化不大，仍沿唐制，

宋灭北汉，地乃归宋。代州辖境内雁门县、崞县、五台县、繁峙县。忻州辖境内秀容、定襄县。景德二年（公元 1005 年）废唐林入崞县，属代州。忻州置团练使，统秀容、定襄。熙宁五年（公元 1072 年），定襄并入秀容。元祐元年（公元 1086 年）复置定襄，仍属忻州。金天会五年（公元 1127 年），忻州改为定襄郡，治秀容县，置刺史，隶属河东北路。大定二十九年（公元 1189 年），复为忻州，仍隶河东北路，秀容、定襄二县属之。代州领雁门县、崞县、五台县。贞佑二年（公元 1214 年），繁峙县升为坚州。贞佑四年（公元 1216 年）五台县升为台州，均属河东北路。

元代，五台山区域各县均属中书省河东山西两宣慰使司管辖的冀宁路。元初，崞县改崞州。秀容改为九原府，后又改为忻州，领秀容、定襄县。五台仍称五台县。中统四年（公元 1263 年）撤雁门县，直属代州。至元三年（公元 1266 年）改属忻州，不久复为代州。

明代，五台山境域内的各县均属山西承宣布政使司管辖。洪武初年（公元 1368 年），废秀容县入州，仍称忻州，领定襄，属太原府。代州降为县，始称代县，洪武八年（公元 1375 年）复升为州，隶太原府，领五台、繁峙（繁峙降州为县，改畤为峙）、崞县，繁峙、崞县亦由州改为县。台州复为五台县，初属太原府，洪武九年（公元 1376 年），改属代州。

清代，因袭明制，五台山境内各县属太原府。清初，代州为雁平道兵备驻地，忻州、代州是其辖地。雍正二年（公元 1724 年），代州升直隶州，直属山西布政使司，领五台、崞县、繁峙三县，同年忻州升为直隶州，定襄属忻州，隶雁平道。

1912 年，各州府均废，五台、代县、繁峙、崞县、忻州、定襄均直属省府。

1914 年复置道，域内各县均属雁门道。1927 年又废道，各县直属山西省行政公署，两年后改为山西省政府。1937 年，山西省划为 7 个行政区。忻县（忻州）、五台、繁峙、代县、崞县（原平）、定襄属第一行政区。同年年底，五台县建立抗日民主政府。1938 年 1 月，晋察冀边区行政委员会成立，五台、繁峙、代县、忻县（东）、崞县（东）、定襄属山西第一行政区政治主任公署。同年 6 月，山西第一行政区政治主任公署改称晋察东北行政督察公署，辖县未变。次年，繁峙划归雁北察南办事处。1940 年 2 月，晋东北行政督察专员公署改称晋察冀边区第一专员公署，辖忻县（东）、五台、定襄、代县、崞县（东）、忻县（东）等。1944 年 9 月，晋察冀第一专署改称冀晋行署第二专员公署，辖五台、定襄，崞县（东），忻县（东）。代县划归冀晋五专署。1947 年 11 月，冀晋二专署改称北岳二专署，五台、定襄属之。1948 年 8 月，北岳二专署改称晋中一专署。1949 年 1 月，又改称太原一专署，五台、定襄、忻县属之。

1949 年 9 月，忻县专员公署成立，驻忻县城，五台、定襄、崞县、代县、繁峙属之。1958 年 12 月，忻县、雁北专署合并为晋北专署，驻大同市，五台山境域内的各县均属晋北专署。同时，崞县改称原平县，忻县、定襄合并为忻定县，繁峙、代县合并为繁峙县。1961 年 9 月，撤销晋北专署，分置忻县、雁北专署，五台山区域各县仍恢复原县建制，忻县、定襄、五台、原平、代县、繁峙都属忻县专署。1983 年 7 月，忻县地区行政公署[①]改称为忻州地区行政公署，辖区未变。2001 年 1 月，忻州地区行政公署改设为忻州市，原忻州市改为忻府区，其他属县未变。

---

① 1967 年 4 月，成立忻县区革命委员会。1969 年 9 月，改为忻县地区革命委员会。1978 年 5 月撤销忻州地区革命委员会，设立忻县地区行政公署。

第二章　清代五台山地区的农田水利建设

自然灾害会给人类社会带来不同程度的危害。为了应对自然灾害、不同地域的民众会在不断总结经验教训的基础上做出相对的应对措施。在明清时期，由于气候进入了干燥寒冷的“小冰期”，这导致了位于农牧交错带晋北地区的生态环境更加脆弱，而作为晋北地区之中的五台山地区，又因境内山岳纵横，地形高差悬殊，地貌多样等，使得该地区的自然环境更为复杂，各类自然灾害频频发生，因此，了解“五台山地区”[①]自然灾害的类型、特点以及当地社会针对自然灾害所采取的应对措施是探讨五台山地区农田水利建设的重要背景。

第一节　清代五台山地区的自然灾害及其社会应对

一、五台山地区自然灾害的类型

（一）旱灾

清代是我国历史上自然灾害频发的时期。这时期的五台山地区，旱灾灾情严重，并且持续时间长，旱灾引起的次生灾害也比较严重，经常伴有蝗、饥、疫等灾害的发生。

---

① 五台山地区：指山西省中北部的崞县（现在也叫原平）、忻州（指市区）、定襄、繁峙、五台、代州六县。

五台山地区田成一季，春季干旱少雨，错过播种时机，夏灾实际也相当于秋灾，体现了其自然灾害的破坏性。清初顺治四年五年，即一六四七年至一六四八年间，灾情涉及整个晋北地区，其中就包括五台山地区的代州直隶州和忻州直隶州；另外，据《五台新志》记载，清嘉庆十六年（1811 年），道光十二年（1832 年）和十六年（1836 年）均遇大旱，五台县岁饥；光绪三年（1877 年）山西全省大旱，本县亦然，粮食奇缺，物价昂贵；光绪二十六年（1900 年）又遭遇大旱，饥民众多，甚至有人家，卖子卖女，以求生存。五台山地区的旱灾严重影响农业生产生活，造成颗粒无收，饥民遍野。由上可见，五台山地区旱灾的严重程度。

“旱灾和蝗灾具有很好的相关性，干旱缺水为蝗虫的快速繁殖、短期爆发等都提供了便利条件。”[①] 蝗虫是暴食性害虫，其严重时，食尽禾苗、庄稼，农业收成减少，饥馑成灾。其一旦进入，持续时间较长，所落之处，不仅吃光农作物，甚至连衣、物、人、畜等也不放过，给当地百姓生活生产带来严重的影响与危害。五台山地区的蝗灾发生的时间主要集中在夏秋两季，具体为农历的五、六、七月间，夏秋蝗灾可能会连续发生，其蝗灾主要发生在定襄、五台等县，广布在忻定盆地等边远地区。

五台山地区蝗灾灾情严重，如顺治四年七月初七日（1648 年）午后，蝗虫从东南窑头口飞来，进入定襄县境内，“遮天蔽日，坠地寸许”，[②] 所到之处苗稼皆遭到破坏，到第二年五月间，“遗种复生，无翅，麦穗颇伤”。[③] 这些记录不仅反映了蝗灾对本地区庄稼破坏的程度，“坠地寸许”，尤其说明了蝗灾发生的严重性，“遗种复生”，反映了蝗灾发生的反复性，所以在治蝗中要尤为重视，根除为本。再如乾隆五年（1749 年），在繁峙县的邑东、山会等村，飞来的蝗虫吃食禾稼等农作物，孙令躬率领邑民捕捉蝗虫，这才使得蝗虫的数量得到遏制。从受灾的程度上讲，蝗虫数量较多，灾情比较严重，

---

① 张青瑶 . 清代晋北主要自然灾害与社会应对［J］. 古今农业，2012（4）：49-51.

② 王会隆 .［雍正］定襄县志［Z］. 江苏：凤凰出版社，2005：122-124.

③ 王会隆 .［雍正］定襄县志［Z］. 江苏：凤凰出版社，2005：122-124.

持续时间也较为长，并且反复成灾，使得该地区的百姓，苦不堪言。

（二）水灾

洪涝灾害是对五台山地区危害较大的一种气象灾害。短时间内的大量降雨或长时间的阴雨连绵，都会为水灾的发生埋下隐患。洪涝灾害的发生，与五台山地区的土质、植被、降水量等要素密切相关，五台山地区的土质疏松，植被较少，降水量不均匀，五台山地区一旦短期内大量降雨，雨水来不及渗入地下，这样便迅速积聚，极易导致河水泛滥，山洪暴发，冲毁农田、房屋，甚至于淹死人畜；有时又长期阴雨，土壤含水量过度，农作物被浸泡受损等，这些灾害对人民的生产生活危害极为严重。

滹沱河的上游坡陡流急，冲刷严重，呈下切现象。“乾隆五十六年（1794年），发生过七十年一遇的洪灾，洪峰达一千零八十立方米 / 秒；光绪十八年(1892年)，有过八十年一遇的洪灾，洪峰达每秒两千七百九十立方米……”[①]关于五台山地区其他河流水灾的记载也有一些，如，“乾隆五十六年(1794年)，清流河遭遇千年一遇的洪水，洪峰流量每秒四千六百立方米，光绪二年（1874年）为百年一遇洪水，洪峰每秒两千八百立方米，光绪十八年（1892年）为五十年一遇洪水，洪峰每秒两千五百二十立方米。”[②]

洪涝灾害对于沿河民众的生产生活影响很大，也就是这种非旱即涝的环境持征极大影响了五台山地区的农业生产。当日降雨量超过一定标准时，则会成为暴雨。“五台县的神西、阳白、建安、东冶等地，五年两次暴雨；中部广大地区三年两次暴雨；东北部山区一年一次暴雨；北部高山区则一年两次暴雨。”[③]

---

① 韩云伟，王尚义.明清时期五台山佛教发展对自然环境的影响[J].太原师范学院学报，2007(3)：31-32.

② 韩云伟，王尚义.明清时期五台山佛教发展对自然环境的影响[J].太原师范学院学报，2007(3)：31-32.

③ 五台县编纂委员会.五台县志［Z］.太原：山西人民出版社，1988：52-55.

（三）雹灾

雹灾也是五台山地区较为严重的自然灾害。雹灾一般出现的时间短，但是来势凶猛，强度也较为大，通常伴有大雨、强风。成灾的冰雹主要发生在六到八月，作物正值成熟期，如果在这时出现冰雹，往往就会破坏其正常生长，导致收成无望，甚至会危害到民众的生命、财产安全。

在五台山地区，雹灾六月集中在五台县等地，其范围广泛，发生概率也较多，并且雨雹常常同时发生。在五台县，冰雹时有发生，每年出现三四次、五六次不等。康熙三十二年（1693 年）七月十五日，定襄县下大雨，并且伴有冰雹，管庄、中小霍等处“树无绿叶，野无青草，一望如冬景”[①]；乾隆五十二年七月（1787 年），定襄县降大雨雹，西乡一带灾情尤为严重，冰雹打伤禾黍，使得这年的村民受饥饿之苦；再如同治四年六月六日（1865 年），定襄县冰雹大降，禾稼受损，“风声如雷，拔树折碑，伤禽鸟甚众，冰雹小如谷粒，大如鸡子”，[②] 以上所引资料中处所出现的“野无青草”“伤禽鸟者甚众”“大如鸡子”等描述句，充分说明了雹灾对农业等的破坏力。

（四）霜灾

霜冻是指春末和秋初农作物生长期间，由于冷空气入侵影响，使土壤表面或植被表面的温度急剧下降到零摄氏度以下，导致作物受害或死亡的一种低温灾害。五台山地区较为干旱寒冷，风高霜早，一般在九月中旬至下旬就会出现霜冻。

霜冻也是对五台山地区农作物危害较重的灾害性气候，五台山地区来霜早的时间为九月六、七日；在原平县平川地区，春（终）霜一般在五月结束，秋初霜一般在十月开始，无霜期一百五十天左右，西部山区无霜期一般在一百二十天，为严重灾害区，滹沱河沿岸大部分地区为一般灾害区，阳武河上游的村庄及同川地区为轻微灾害区。霜害严重的年份主要有：嘉庆十六年

---

① 王会隆．［雍正］定襄县志［Z］．江苏：凤凰出版社，2005：230-232.

② 王会隆．［雍正］定襄县志［Z］．江苏：凤凰出版社，2005：230-232.

（1811 年）、光绪三年（1877 年），夏天发生旱灾，秋天发生霜灾，致使颗粒无收；道光十二年（1832 年），发生霜灾，禾稼受损，民大饥。由此可见，霜灾对五台山地区农业生产生活的严重影响。

（五）风灾

由于五台山地区三面环山，且平均海拔较高，使得大风灾害在这儿频繁发生，北部地区则表现得更为明显。风灾一般在春季发生较多，冬、夏次之，持续时间比较长，影响范围广，大风灾害经常折木、伤禾、坏屋，破坏传统社会的农业生产，影响广大民众的日常生活。如在原平滹沱河东，同治十五年六月（1876 年），某天午后，忽然刮起大风，大风将屋顶揭起，辗盘也被吹起，折断了为数不少的树枝，甚至将碑头揭起，摔在五步以外的地方，为历来罕见。五台山、忻定盆地北部等地，年大风日数在二十天以上，原平一带大风日数在三十五天以上，五台山中台顶达一百八十天。这些资料，清晰地再现了清代的五台山地区风灾的严重性。

（六）震灾

地震灾害是一种猝不及防、破坏惨烈的自然灾害，它的破坏力给人类社会带来的各方面的消极影响，是其他自然灾害所不及的。

就地震发生的区域而言，五台山地区的地震区域主要在繁峙—忻州这一区域内，历史上发生过多次强震。文献中对此也多有记载，如康熙二十二年十月初五日未时（1683 年），原平发生大地震，声如轰雷，尘土遍野，树木、房屋几乎受到毁坏，人多被压死。神山、三泉、原平、大阳等处尤为严重，大地迸裂，露出泉水或者黑沙，受灾的民众露宿于外，房屋虽然还在，却不时晃动，直至十月中旬，灾情才逐渐稳定下来。光绪二十七年春（1901 年），原平县发生地震，县署的墙壁毁坏大半；在定襄县，地面震动、迸裂，涌出泉水或涌出黑沙，“县治前旌善申明亭俱倒，四面城楼垛口尽裂，”[①] 村里屋

---

① 王会隆．[雍正] 定襄县志 [Z]．江苏：凤凰出版社，2005：122-124.

垣塌倒，压死千余人、畜类无数，而横山及原平等处尤为严重，这年冬天又大震，后不时动摇，每天晃动数十次，后来情况好转，数日晃动一次，这才恢复如常。从中可见，地震对五台山地区危害之大。忻州、代州等都有“地大震，坏庐舍”的记载，这次地震，河北、河南、陕西、山东等省份多处都有震感。原平县南魏家庄重修的龙王庙碑，对此也有所记载，以原平为首，再加上忻州、代县、繁峙、五台、定襄五县，均处在这场大地震的威胁之下，详细记载了清代时期的五台山地区，屋舍塌毁、山崩地裂、伤者无数的悲惨场景，这也证实了地震破坏力之大，远超出其他自然灾害带来的危害。

二、五台山地区自然灾害的特点

（一）普遍性

清代五台山地区不仅自然灾害类型多样，有旱灾、蝗灾、雹灾、霜灾、风灾、震灾等，而且在时间上也较为频繁，下表1.1根据五台山地区县志中的异祥卷等资料，对清代五台山地区各类自然灾害的基本情况，进行了简单的统计，并且主要是对当时五台山地区，发生较为严重灾害的统计。

表1.1　清代五台山地区自然灾害基本情况统计

	水灾	旱灾	霜灾	蝗灾	风灾	震灾	雹灾
顺治	1	2	无	1	无	无	无
康熙	6	7	1	无	1	5	5
雍正	无	1	无	无	无	无	无
乾隆	8	3	无	1	无	无	1
嘉庆	2	2	1	无	2	无	1
道光	1	6	1	1	1	无	无
咸丰	1	无	无	无	1	无	1
同治	3	无	无	无	2	无	1
光绪	6	3	1	无	无	1	1
合计	29	24	4	3	7	6	10

由统计可知，在各类自然灾害中，以旱灾、水灾为主，清代五台山地区，共发生过29次较为严重的旱灾和24次较为严重的水灾，康熙、乾隆、光绪年间，各类自然灾害发生次数明显较多；有的县甚至在同一年内，经历了不同的灾害，如在光绪三年（1877年）的原平县，夏季发生旱灾，秋季又发生霜灾，致使颗粒无收。在清代不到三百年的时间中，五台山地区大约10年发生一次较为严重的旱灾和水灾。

（二）成灾范围大

清代五台山地区自然灾害的发生范围广泛。如旱灾发生时，五台县、代县、原平、忻州等往往并发，其直接带来的灾害是，破坏农作物的生长，导致收成减少。如水灾发生时，滹沱河的河水溢出，周围的县往往受灾，据《定襄县志集》记载，顺治七年（1650年），滹沱河水溢，将定襄县西营小羊房村北关等地淤浸，村民皆流离失所；乾隆五十二年（1787年），五台县滹沱河发洪水，河南岸从覃上至张家庄一带，稻田全部水淹，压砂数尺，变为沙滩；光绪四年（1878年）夏季，北桥河大水冲坏附近民田无数；水灾的发生，使得地表遭到冲刷，土地资源遭到破坏，农业生产受阻；再如康熙二十二年（1683年），崞县、代州等地，均受有震灾的影响，光绪二十七年（1901年），定襄、崞县等县均受到地震的影响，甚至山西省附近的省份也有震感。

（三）破坏性强

清代的五台山地区，一些灾害产生的破坏力大，如康熙年间的多次地震，致使庐舍毁坏，墙壁坍塌，人民压死者众多，并且伴有数次余震，人心不安；如康熙、乾隆年间，代州数次大雨，时间持续多达六日，水深数尺，致使山洪爆发，河水暴涨，村民庐舍多毁坏，可见其破坏力之大；再如一旦蝗灾发生，多成连年灾，从蝗灾持续时间上看，每次都会持续数月，夏秋可能会连续发生，尤其是在数月干旱不雨的情况下，蝗灾持续时间会更长。其发生频繁，造成危害也很大，致使民众受其影响颇深，甚至流离失所，苦不堪言。且发生覆盖面积较大，受灾程度较深，大致广布在忻定盆地等的边缘地区。

（四）伴随性和群发性

清代的五台山地区，灾害的发生，有些具有伴随性的特点，如旱蝗相继。我国早有“旱极而蝗”的记载，这是因为旱灾发生时，往往会为蝗虫的繁殖、生长发育以及存活提供温暖干燥的生存环境，而蝗虫便在这种环境下生长，繁殖率也会大大提高，使蝗灾成为可能，而蝗灾发生后，农作物被毁，颗粒无收，又会引起饥疫等灾荒，蝗灾影响范围大，持续时间也较长，并且反复成灾，灾情较为严重。除了伴随性，有些灾害也具有群发性，如雹灾发生时，常伴有强风、大雨，这使得禾稼受损更为严重；再如震灾发生时，往往会引起疫病的发生。

三、社会应对措施

（一）官方应对措施

1、预灾措施

（1）仓储措施

这种丰年设仓，以备荒年的办法，是地方官结合地方实际采取的一种防灾抗灾的方法，五台山地区气候干燥，便于储粮，因此储粮也较多。平时积粮成仓，一旦遭遇灾荒便可发挥救济本地灾民的作用，可见仓储制度的重要性和必要性。清代的仓储类型多样，有常平仓、社仓等等，而五台山地区，则以常平仓为主。在康熙四十三年（1704 年），中央命令山西省各大州县存米谷一万石，中州县八千石，小州县六千石，后又考虑到山西人民别无他业，贮存粮食又少，如遇灾害，一时之间，难以购买到粮食的现实，便令山西省各州县增加一倍的存谷。乾隆十三年（1748 年），山西巡抚阿里衮根据山西省各地的实际情况，对各地存谷数量做了调整，即令忻州、代州等二十一个大州县，按照旧额各贮谷两万石，定襄、崞县等三十四个中州县，按照旧额各贮谷一万六千石，繁峙等二十六处小州县，按照旧额各贮谷一万两千石。

（2）水利工程

清代五台山地区的水利建设主要集中在忻定盆地，其主要是利用这里的河流及支流进行农田灌溉，主要有滹沱河、文峪河、阳武河、牧马河及其各支流；虽然灌溉的技术及设备条件较差，但在当时，却是必不可少的。清代前期，忻州、代州等县的水利状况呈下降状态，到了清代后期，五台山地区的水利建设有所发展，如忻州引用牧马河渠、云中河渠、滹沱河渠等共八十余渠，灌溉共五百六十一顷田地；定襄引用滹沱河渠、牧马河渠等共二十六渠，在众多的河渠中，滹沱河域起到了重要作用，忻州、定襄、代州、繁峙、崞县等五县均有引用，但是对于滹沱河水利方面仍有待于进一步的开发。

2、救灾措施

（1）蠲免

清代实行的蠲免政策，是指免除当地人民的租税。这项政策是五台山地区实行救灾的重要措施之一。康熙五十年六月（1711 年），代州大雨，五日山水爆发，淹没民田，该县的县令奉旨分别赈恤、豁免地丁银米；光绪三年（1877 年），代州关北诸村秋季干旱少雨，收成减少，该地县令奉旨分别赈恤豁免地丁钱粮；乾隆四年六月（1748 年）代州大雨雹，七月水峪河暴涨，坏民庐舍，毁民庄田，本地县令奉旨免除本年的地丁钱粮。乾隆十年五月初十日（1754 年）代州又降大雨、冰雹，河以南树木一空，“邑令周急发助粒秋乃稔，”[①] 十八年（1762 年）免租养老；乾隆十三年（1757 年），崞县蠲免租税。以上官方蠲免的政策，也反映出了五台山地区自然灾害的破坏力之大。

（2）赈济

清代的五台山地区，官方的赈济办法主要是赈粥、赈米、赈钱，在这几种办法中，赈钱会被当地官员扣除，中饱私囊，发放到百姓手中的钱财，往往很少，赈粥、赈米相对较好，可保证百姓不受饥饿的影响。乾隆五十九年（1784 年），山西代州及所属之五台、繁峙等县，从六月末起，大雨持续十

① 俞廉三．[光绪] 代州志 [Z]．江苏：凤凰出版社，2005：540-545.

几日，水势难收，房屋被冲毁，土地被淹没，人员也有伤损。山西巡抚蒋兆奎便携带银两，亲自前往督率抚恤。对于所有冲毁房屋，淹死人口者，均按例加倍给予赏恤银两。对于被淹地亩、秋收无望者，便奏请乾隆，请先行抚恤一月口粮，再行勘明灾情轻重，分别加赈豁免。乾隆随即答复，“将代州及所属之五台、繁峙三州县被水处所，本年应纳秋粮，概行豁免，以纾民力”①。蒋兆奎即先行出示晓谕，使百姓安居复业，并且迅速勘明灾情，对受灾程度严重者，分别加赈、酌借籽种、口粮等，进行抚恤。代州、五台、繁峙县位于五台山下，夏季降雨量增大导致山水爆发，冲毁田地、庐舍，伤及百姓。蒋兆奎处理的情况也是携带银两边勘灾边报灾，只是没有接到乾隆的谕旨，广泛的赈灾措施还没有开展，乾隆帝加赈态度也很明确，均照两倍给予抚恤，先赐一个月的口粮，夏、秋粮均实行豁免。乾隆十年（1744 年）崞县、同川、五都，秋季歉收，官府发赈救济。

（3）安辑

安辑是清代官方带领民众，灾后重建的一种举措。嘉庆六年（1801 年）大水，凡是由于自然灾害，破坏地亩者，官方给予修复；除了政府的救灾，邑令、乡绅号召民众开展灾后重建工作，也取得一定成效。以五台县为例，康熙二十二年（1783 年）崞县地震，五台县遭到严重破坏。地震之后上任的邑令周氏，看到灾后的惨败景象，便号召乡绅民众开展了一系列的灾后重建工作。地震过后，五台县文庙震裂，邑令周氏便与县内举人阎襄、贡生曲尔昌等绅士捐资重修文庙，令其焕然一新；又由于地震影响，城北门坍塌，而河水离五台县城越来越近，邑令周氏便捐资疏通渠道，修筑城墙，五台县之民亦拿着各种疏通工具，云来星集，共同出力修筑。五台县的资料向我们展现灾后民众自救行为，这些行为对于灾后的重建具有积极的实际作用，往往是比较直接有效的救灾方式。

---

① 俞廉三.［光绪］代州志［Z］.江苏：凤凰出版社，2005：344-348

（二）民间应对措施

1、赈济

清代五台山地区，自然灾害的发生，往往会引起饥、荒等次灾害。针对灾害后的饥、荒等，清代的民间也会进行赈济，在代州，康熙四十一年（1702年）秋峪口河溢，沙窊村田庐多塌没，知州施敬腾赈济灾民，每口给米二斗。五十一年（1712年）发生饥荒，知州王秉韬，设粥厂，济贫民，劝士绅出粟助赈，州民祁丕昭出粟三十余石赈饥。道光十二年（1832年）大荒，境内粟贵，邻邑侯劝民捐赈，各乡绅士踊跃捐资，除了捐数较多者，其余沙河绅士捐粟数石至数十石，捐钱数千至数十千者，人数是比较多的。这年的饥民，便依赖这些赈济物资渡过难关。为了永远的记住这些捐施者，灾民便将这些捐施者的姓名、捐钱、粟的数目记录在沙河本镇的庙宇之内。

2、祈天祈神

禳灾就是指人们通过对神灵的祈祷，以消除灾害的发生。人们认为通过祈天祈神的做法，就可达到预防或者消除自然灾害的目的。随着时间的推移，这种方式变得越来越完备，祈求的仪式越来越复杂，逐渐形成一种禳灾制度及措施。传统的禳灾在人们的防灾减灾意识中占有重要位置，百姓对于消除旱涝的祈祷，也逐渐在民间形成一种风俗习惯。祈天祈神的主要类型有两种，第一种是祈雨。当发生旱灾时，地方官会祈雨，首先禁止屠宰家畜，再者手持清香步行而出，到龙神庙祈祷，绅人随后；或者在有水泉的地方，乡民在村中设坛，根据旱灾的严重程度，设坛三日、六日或九日不等。在忻州，通常祭祀的是杨娘娘，其奉龙神出游的民众，叫作抬龙王，但极容易滋生祸事，南北路皆有这样的习俗，北路更有以刀挟于手臂的习俗，所以把奉神出游者，叫作扎刀子。第二种是祈晴。大雨会妨碍禾稼、收成，暴雨甚至会影响民众正常的生活，因此，每逢大雨，官府便祷于关圣，或城隍庙，或祷风神。同样也要设坛，令僧道人士诵经，禁止屠宰，直到雨停为止。这里的祈雨和祈晴分别是针对旱灾和涝灾的禳灾方式。祈雨方式显得比较突出，从资料显示，一般的祈雨仪式，都会在龙神庙举行，或者是在有水泉处，各地祭祀的神灵也不一样，还有一些抬龙王的游街活动。

这些都是人与自然博弈过程中产生的种种认识。皇帝也会经常拜谒名山大川，如山西境内五台山等，都被认为是颇有灵气的仙佛圣境，乾隆就曾多次巡幸五台山。同时人们主观地认为建立一些祠庙，多加祈祷、祭祀，就会免于一些自然灾害，这也是清代五台山地区民众的一种禳灾方式。祈天祈神的发展，反映了人类对一些现象认知上的不足，而祈天祈神却渐渐地成为习惯。祈天祈神虽然是带有一定迷信色彩的消极应对措施，但在清代的社会环境下，这种方法是支撑人们抵御灾害的精神支柱，反映了人类对于自然的不解与敬畏。

综上，清政府及当地民众，在长期的生产实践过程中，对当时五台山地区的各类自然灾害，采取了多种应对方式。仓储的设立、水利工程的兴建，再加上蠲免、赈济、安辑、祈天祈神等行为，都是政府和民众对各类自然灾害积极或消极的反应，在一定程度上对抗灾减灾起到了重要作用。其中兴建农田水利工程，对改善当地农业用水环境有积极的作用。

第二节　清代忻定盆地的农田水利建设

在传统社会，农业是社会经济的基础，“夫农田者国计民生之大本而水利又农田之本也”。[①]发展水利事业，对于进行农业生产，保障百姓生活有着非同寻常的意义。五台山地区的农田水利建设历史悠久，早在春秋时期，晋大夫羊舌氏在县东西茂河测勘水源，领村民疏渠引水灌溉农田，后人于代县阳明堡内建“羊舌大夫祠”以纪念。据清光绪《代州志》记载，代县峨河、峪河、中解河则“自唐时已享其利，州中营田六百余顷，三渠盖可啻居其丰矣”。北宋嘉祐、熙宁年间（1056 年～ 1068 年）崞县南申村人高万在阳武河畔凿渠筑堰，引洪溉田，得良田数千顷，时为阳武河引洪灌溉之最早记录，等等。

① ［清］吴重光 . 直隶代州志（卷之一《舆地》）［Z］. 刻本，1785：p53.

“晋北之自然环境，地势既多山而崎岖，雨水复稀少而多旱，故食量生产，最为贫乏。其主要农产地，仅有北部大同盆地，与雁门关南之忻定盆地”。[①]忻定盆地是五台山地区的核心区域，其所产粮食，不仅可以自给，而且还可供应临近诸邑，其之所以能成为晋北的主要粮食产地，除了与该地区地势平坦，土壤肥沃有关外，该地区民众利用滹沱河横贯其中的地理优势发展农田水利事业是非常重要的原因。

一、忻定盆地农田水利建设概况

清代忻定盆地的农田水利建设大致可以分三个阶段，一是在康熙朝之前的初期恢复，二是以康雍乾盛世为代表的中期发展，三是以光绪朝为代表的继续发展。

（一）清代初期忻定盆地农田水利建设的恢复

忻定盆地位于滹沱河流域，是晋北水利发展较好地区。“位居雁门关与太原之间，南为石岭关所阻；西为云中山所障，蒙尖山脉绕于东及东南，五台山余脉，又在北蜿蜒于崞县忻县定襄之界，其在忻县忻口附近之山脉，为滹沱河切断”。[②]忻定盆地地区民众充分发挥滹沱河横贯其中这一地理优势，利用滹沱河及其支流进行修渠筑堤，引水灌溉，农田水利的建设情况较晋北其他地区要发达。“雨水缺乏與不可靠，使作物不得充分发长，故凡河流所经之两岸低平地，则多利用河水灌溉”。[③]滹沱河发源于山西省繁峙县泰戏山孤山村一带，主要支流有阳武河、云中河、牧马河、同河、清水河、南坪河、冶河等，流域内地势自西向东呈阶梯状倾斜，其主干及其支流在流域内交错纵横，呈羽状分布，为忻定盆地地区的民众修渠引水、拦河筑堤、筑堰引水

① 梁祥厚．晋北忻定盆地概略［J］．西北论衡，1937（5）：42.

② 梁祥厚．晋北忻定盆地概略［J］．西北论衡，1937（5）：41.

③ 梁祥厚．晋北忻定盆地概略［J］．西北论衡，1937（5）：43.

等农田水利建设活动提供了良好的条件。不过由于其地处黄土高原，土质疏松，河水往往夹杂着泥沙，经常导致渠道壅堵，也为当地的农田水利建设造成了不少困难。清代是比较重视地方水利建设的，清代地方官员的政绩考核中把兴修水利作为重要参考。由于清代政府的倡导，清代山西修建了不少水利工程。“山西省山岭蟠峦，土燥水枯，以言灌溉，唯沿汾各县为最着”。① 清代山西晋南、晋中地区水利发展较为发达，晋北地区由于特殊的自然地理环境，其水利工程建设规模不如晋南、晋中地区。

清代初期忻定盆地地区农田水利建设仅是前代农田水利的恢复，大致保持在明代的水平。例如明代万历年间忻州地区引滹沱河、牧马河、云中河河水，其中在县治东南开“南关渠、王家庄渠、曲家庄渠二道、杨泗渠、樊家野场渠、故郡渠二道、石家庄渠二道、杨家庄渠、曹村渠二道、义井渠二道、南萧村渠、北萧村渠、东楼村渠二道、西楼村渠二道、真檀渠、令妇渠二道、北胡渠四道、南胡渠二道、郝村渠、安义渠、韩岩渠、紫岩渠、双堡渠”② 共三十五渠。受明末农民起义及战乱的影响，水利设施破坏、荒废比较严重，清代初期这一地区的农田水利建设主要是对旧渠进行修复、疏浚，“案此三十五渠为康熙以前古渠……旧渠与今河道尚略符也”。③

---

① 郑肇经 . 中国水利史［M］. 长沙：商务印书馆，1939：267.

② ［明］杨维岳 . 忻州志（卷一）［Z］. 刻本，1608：17.

③ ［清］曾国荃 . 山西通志（卷六十九《水利略四》）［Z］. 刻本，1892：5.

（二）清代中期忻定盆地农田水利建设的发展

表2.1　清代中期忻定盆地农田水利概况表

县名	水源	清代水利状况		
		河渠数	河渠数	灌溉面积
忻州	滹沱河、牧马河、云中河，泉水	引牧马、云中河水1渠；引滹沱、云中河水33渠；引牧马河水35渠，共69渠	引牧马河水71渠；引云中河水13渠；引滹沱河水3渠；引滹沱、云中河水32渠；引牧马、云中河水，开东十里堠渠；共120渠。引海沟泉、前山泉、浑水泉	牧马河36渠灌区共溉田443顷有奇；云中河13渠灌区溉田60顷有奇；滹沱河3渠灌区溉田27顷有奇；鹄索河溉田6顷；海沟泉溉稻田十余顷；前山泉溉稻田10顷有奇；浑水泉昔资灌溉后涸
定襄	滹沱河、泉水	——	引滹沱河23渠；引泉水13渠，共39渠。廿泉井、惠民井	——
代州（今代县）	——	——	——	——
五台县	——	——	——	——
繁峙县	——	——	——	——
崞县（今原平）	阳武河、滹沱河、宣桥河、苏龙口河、泉水	——	引阳武河水1渠；引滹沱河水6渠；引宣桥河水1渠；引苏龙口河水1渠；引泉水4渠，共13渠	阳武河官渠溉21村田；滹沱河六渠溉稻田数顷；大浦湾渠溉稻田数顷；营里渠、双岭渠引本处泉水和滹沱水，溉稻田数顷；温家东社渠引福寿山下泉水，溉麻地数顷

资料来源：明万历《忻州志》、乾隆《忻州志》、雍正《定襄志》、乾隆《崞县志》

清代初期忻定盆地农田水利建设得到了一定的恢复，进入康雍乾盛世，忻定盆地农田水利建设得到了较大的发展。清世宗认为：“地方水利，关系民生，最为要紧”。这一时期由于政局稳定，统治者采取了一系列恢复和发展生产的措施，鼓励民众垦殖荒地，大力发展农业。为改善农业状况，民众疏浚、修建了许多水利设施。

从表2.1的情况来看，清代中期忻定盆地农田水利建设得到了长足的发展，其重要开发的河流是滹沱河、牧马河、云中河。对一些未开发的河流、泉水进行有效的开发，如忻州在明代时只是开发了牧马河、云中河和滹沱河，对泉水开发较少。到了清代忻州民众在合索村开鹄索河溉田6顷，引海沟泉出嘉禾溉稻田十余顷，引前山泉在南营屯溉稻田10顷有奇，引浑水泉昔资灌溉后涸。各个地区的渠道总数大大增加，如清代忻州的河渠总数比明代忻州河渠总数多52渠。崞县（今原平）的农田水利建设也有很大的发展，该县不仅修建了阳武河官渠还对境内的泉水进行了充分的开发（崞县境内共13渠，其中引泉水而修4渠，大致占其总渠数的三分之一），为崞县民众提供了大量的良田，实现了粮食增产，人们生活富足。

忻定盆地水利事业的开发，对于该地区农业的恢复和发展有很大的帮助，但随着自然条件的不断恶化，河道的迁徙及人们对水利设施的维护不足，也造成了部分渠道淤废。“襄邑新旧渠错综阡陌不下三十有奇，或引滹水，或引牧水，或引泉水，其耕泽泽，厥利溥哉。然沧桑迭变，迁徙靡常，如通利渠向从县北迤逦至芳兰村，久经截断王进村渠，向亦直抵师家湾，今仅灌木村而止。兰台村渠向经西营村，今其村屡经河决几五迁，距故址十有余里”。[①]随着河流的变迁，旧的河渠被废弃，需要开新的河渠；河水中带有大量的泥沙，经过长期淤积造成渠道的堵塞，使河渠的灌溉区域变小，影响了当地农业的发展。

（三）清代后期忻定盆地农田水利建设的继续发展

康雍乾盛世之后，清代政府的农业政策已经逐步完善，忻定盆地的农田水利建设继续发展。

---

① ［清］安嘉士，王立爱，王时炯．定襄县志（卷一《地理》）［Z］．刻本，1727：13.

表2.2　清代后期忻定盆地农田水利概况表

县名	水源	清朝光绪年间水利概况	
		渠道数量	灌溉面积
忻州	牧马河、云中河、滹沱河	引牧马河水71渠；引云中河水45渠；引滹沱河水3渠；引牧马、云中河水开1渠，共120渠	牧马河36渠，溉地443顷有奇；云中河13渠溉地60顷有奇；滹沱河3渠溉地27顷有奇；在州东南引牧马河水35渠；在州西北引云中河水32渠；引牧马、云中河水开东十里堠渠
定襄	牧马河、古河沟、泉水	引滹沱水20渠；引牧马河水1渠；引古河沟1渠；引泉水11渠，共33渠	滹沱河新开20渠；牧马河新开1渠，董村渠；引古河沟，入牧马河1渠，德胜渠（镡村新渠）；引泉水11渠，三会泉6渠溉八村田。镡村渠引吕布池水，溉李家庄田，并分四小渠。南邢村渠引小霍池水，溉南王、南邢、待阳诸村。官庄渠引吕布池水溉官庄田。上达渠（小霍村新渠）起洪福寺后引泉水，环村稻田多赖焉；
代州（今代县）	东峩河、西峩河（中解河）、峪口河、滹沱河	引滹沱河1渠；引东峩河水1渠；引西峩河水1渠；引峪口河水1渠[②]；引泉水3渠，共7渠	滹沱河1渠，溉十二村田；东峩河水1渠，溉四村田；西峩河水1渠，溉中解十八街各村地；峪口河水1渠，溉八村田，选仁下庄、金盘、上曲各村并有支渠；引泉水3渠，引聂营泉水，溉田近万亩；引黑龙池水，溉田约数千顷；引泉水开玉带水，溉田数百亩
五台县	清水河、东峪河、泉岩河（小营河）、东西两谭、泉水	引清水河2渠；引东峪河1渠；引小营河（泉岩河）2渠；引泉岩小营河源泉水1渠；引磨山泉、东西两谭水、龙泉湾水[③]，共6渠	清水河溉九村田；东峪河溉三村田；小营河，五台水利之最大者，郭家寨地3顷，大溪村地8顷，槐阴村地17顷，东冶以东各村地32顷，共地60顷；磨山渠，引泉岩河水（小营河）、磨山泉水，止灌槐阴及东冶以东各村之田，近年只溉槐阴一村田；泉岩小营河发源之地崖根山麓大小泉以数百计，迤南至郭家寨乃会而成河，分日灌田矣；东西两潭旧日溉滹沱南岸各村田，西起潭上，东至张家庄，皆稻田也。乾隆五十二年滹沱涨发，冲入南岸，稻田悉被沙压。数不及从前之十之二三；龙泉湾溉田不足顷；虒阳河水溉三村河边之田。

续表

县名	水源	清朝光绪年间水利概况	
		渠道数量	灌溉面积
繁峙县	滹沱河、西峩河、华岩水、冶口河	引滹沱河水1渠；引峩河水1渠；引华岩水1渠；引冶口河水1渠，共4渠	滹沱河渠，溉十一村田；峩河渠引西峩河水，溉七村田；南峪口渠引华岩水，溉三村田；冶口渠引冶口河水，溉三村田。
崞县（今原平）	阳武河、滹沱河、苏龙口河、宣桥水、云中河、泉水	引阳武河水1渠；引滹沱河水7渠；引宣桥水1渠；引苏龙口水1渠；引白村泉水1渠；引本处泉水和滹沱河水2渠；引福寿山下泉水1渠；引云中河水1渠，共14渠	阳武河官渠南北两岸溉21村田；滹沱河7渠溉河滩稻田数顷；白家湾渠引宣桥水（北桥河）东流；匙村渠引苏龙口河水西流；大浦湾渠引白村泉水，灌溉稻田数顷；营里渠、双岭渠引本处泉水和滹沱水，灌溉河滩稻田数顷；温家东社渠引福寿山下泉水，灌溉左右村麻地数顷；库狄村仁义渠，引沙河（云中河）灌溉旱地

资料来源：光绪《山西通志》、光绪《忻州志》、光绪《代州志》、光绪《五台新志》、光绪《繁峙县志》、光绪《续修崞县志》

从表2.2的情况来看，忻定盆地境内各县的水利设施都有所发展，人们对滹沱河、牧马河加大了开发力度。清代后期忻州境内引滹沱河水新开3渠；定襄境内引牧马河水新开1渠；崞县境内引滹沱河水新开1渠。对一些未开发过的河流进行了开发，如对清水河、东峩河、西峩河、峪口河、冶口河、华岩水、宣桥水的开发。清代后期代县境内引东峩河水、西峩河水、峪口河水各开一渠；五台县境内引清水河水开2渠；繁峙县境内引华岩水开1渠，引冶口河水开1渠；崞县境内引宣桥水1渠。对一些河潭进行了开发，如定襄县境内镡村渠引吕布池水，溉李家庄田，并分四小渠。南邢村渠引小霍池水，溉南王、南邢、待阳诸村。官庄渠引吕布池水溉官庄田。德胜渠（镡村新渠）引西南古河沟溉镡村村西田。五台县引东西两潭水旧日溉滹沱南岸各村田，西起潭上，东至张家庄，皆稻田也。乾隆五十二年滹沱涨发，冲入南岸，稻田悉被沙压。数不及从前之十之二三。对一些泉水也进行了开发，如定襄县三会泉6渠溉八村田，上达渠（小霍村新渠）起洪福寺后引泉水；代州境内引聂营泉水，溉田近万亩，引黑龙池水，溉田数千顷，引泉水开玉带水，溉田数百亩；五台县境内磨山渠，引泉岩河水（小营河）、磨山泉水，泉岩小营河发源之地崖根山麓大小泉以数百计，迤南至郭家寨乃会而成河，分日灌田，还有对龙泉湾的开发；崞县境内大浦湾渠引白村泉水，灌稻田数顷，营里渠、双岭渠引本处泉水和滹沱水，灌溉河滩稻田数顷，温家东社渠引福寿山下泉水，灌溉左右村麻地数顷。忻定盆地农田水利建设比较发达的还是忻州和崞县地区，这一地区的水利资源较好，人们勤于对河道的维护，对其水利设施及灌溉亩数也有详细记载。定襄、代州（今代县）、五台县、繁峙县各地的渠道虽少，依然有效的开发了境内的河潭、泉水等水利资源，很大地改善了当地的农田水利环境，促进了当地农业的发展。

二、忻定盆地农田水利建设的特点

（一）建设因地制宜、因势利导

忻定盆地境内的民众利用滹沱河流域的地理优势，修渠筑堤，引水灌溉。人们开发水利建设各种工程，其目的是为了避免水患，方便用水，造福一方。各地由于具体水文状况的不同，其水利开发模式也不同。“通沟渎蓄陂泽所为因地以制其宜因势而利，为导者俾得蓄泄有方而旱涝有备，岂不使硗瘠皆为沃饶也哉”。[①] 由于地质、气候等条件的限制，忻定盆地地区的井灌相对较少；“晋省土质本松，忻又近边，风沙较他处尤属湮塞之患可以逆睹”[②]，而且河流迁徙靡常，人们不得不经常疏浚或开通新渠。

这一地区的民众利用滹沱河从忻定盆地穿流而过的优势，因势利导，围绕着滹沱河及其支流修渠筑堤、引河灌溉。同时因地制宜地开发各县境内的其他水资源，修渠引水。忻定盆地的水利设施主要以引水防旱、筑堤防洪为主。

---

① ［清］吴重光．直隶代州志（卷之一《舆地》）［Z］．刻本，1785：53.

② ［清］方戊昌，方渊如．忻州志（卷六《水利附》）［Z］．刻本，1880：11.

民众大力发展这一地区的农田水利建设“遇雨阴应时则贪天之功而获丰稔，使不幸天时旷旱则恃渠水灌而无恐”，[①]极大地提高了民众抗旱防旱的能力，保障了这一地区粮食产量的稳定和民众的生活基本需求。同时民众也修建一些抗洪设施，在水患来临之时，这些水利设施起到了很大的作用。“东关河发源雁门关山绿城东南入滹沱河明时河水涨发及城，兵备张浚、潘仿继筑堤边其卫”。[②]兵备张浚、潘仿筑堤防洪，去水之害，保障了绿城民众的生命财产安全。

清初北方就兴起了打井的热潮，山西的井灌发展一度曾领先华北各省。康熙年间学者王心敬认为山西“井利甲于诸省”[③]而井灌主要集中在水文地质条件较好的晋南地区。从表 2.1、表 2.2 中可以看出只有雍正《定襄县志》中提到定襄境内有廿泉井、惠民井两口井。其原因有二，一是忻定盆地由于受气候高寒、土地沙化严重的地理条件限制，凿井甚为困难。二是凿井对于忻定地区的人们而言，经济负担较重，获利不多。“然土井易堙，砖井多费”，[④]据光绪十年估算，“用下砖上土工程”，每井需要五六千文，但只能用几年，“将来加砖其上”[⑤]这样还要花上一笔开支，人们投入多而获利少，对于经济状况不好的农户来说是一项很大的负担。定襄“廿泉井在小南门外，惠民井在西门外”[⑥]从其地理位置可以看出，其主要供县城居民生活用水。

光绪《山西通志·水利略》卷首语，山西大势“大抵霍山以南，患在田高而川下，蓄泄难施；忻、代而北，患在水劲而沙浮，涸溢无定”。由于忻定盆地地处黄土高原地带，土质疏松，滹沱河河水多挟泥沙，因此渠道常常淤塞，雨水多的年份河流涨发，冲破河堤，河道迁徙。民众为了灌溉农田，

---

① ［清］方戊昌，方渊如．忻州志（卷六《水利附》）［Z］．刻本，1880：12.

② ［清］吴重光．直隶代州志（卷之一《舆地》）［Z］．刻本，1785：52.

③ ［清］王心敬．丰川续集（卷八《井水利说》）［Z］．刻本，1750：60.

④ ［清］吴高增．行唐县新志（卷之六《食货志》）［Z］．刻本，1764：6.

⑤ ［清］李鸿章，黄彭年．畿辅通志（卷七）［Z］．刻本，1884：58.

⑥ ［清］安嘉士，王立爱，王时炯．定襄县志］（卷之一《地理志》）［Z］．刻本，1727：10.

不得不疏浚渠道或修建新渠。如光绪年间定襄县新开董村渠、德胜渠（镡村新渠）。

（二）规模上以中小型水利为主

受水源、地质、工具等条件限制的忻定盆地农田水利建设主要以中小型工程为主，灌溉面积小，没有形成像晋南地区一样的大型水利集合体。忻定盆地境内各县的水利设施，绝大多数只是灌溉数顷、数村，极少超过百顷者，但数量众多，这一特点也可从表 2.1、表 2.2 中得到反映，这一地区的水利工程以修渠为主。

忻定盆地境内的民众引滹沱河、牧马河、阳武河、云中河修建较大规模的渠道体系。如乾隆《忻州志》载，忻州引牧马河水 71 渠；引云中河水 13 渠；引滹沱河水 3 渠；引滹沱、云中河水 32 渠；引牧马、云中河水，开东十里堠渠；共 120 渠。崞县修建阳武河官渠，溉南北两岸二十一村田。其他小渠基本为一村一渠，一些规模较大的村庄或村落群体之间有支渠。如定襄县境内镡村渠引吕布池水，溉李家庄田，并分四小渠。代州峪口河渠，上游溉王家会、岗上、峪里各村地，出山经峪口上下沙窊田村，迭仁下庄、金盘、上曲各村并有支渠。

先进的水利工程技术、水利工具的引进和推广使用，能够大力推动农田水利建设事业的发展。忻定盆地境内的民众不通晓当时先进的水利工程技术和水利工具，不能够更好地进行农田水利建设。滹沱河“河身迁徙不常，涨落无定，诸村渠道畸零，限于地势亦未有筑堤建闸蓄泄，为久远计者”。[①] 在光绪时忻州“境内西北冈阜土地硗瘠，牧马河由西南东趋，地高水低，恒苦冲决之患，若如南省水车节节陡运，旱时仍可资其利，惜乎忻人无师传，不知水车之法，徒被其害，莫可救止”。[②] 一方面，忻定盆地境内自然地理环境相对封闭，受当时交通条件的限制人们与外界的交流不畅，没有大力发展、

---

① ［清］何才价，杨笃 . 繁峙县志（卷一《地理志》）［Z］. 刻本，1881：28.

② ［清］方戊昌，方渊如 . 忻州志（卷六《山川》）［Z］. 刻本，1880：7.

引进和学习新兴的水利工程技术和水利工具的观念。另一方面，晋北地区人们生存条件艰辛，自康熙年间就开始有"走西口"的传统，人们在关外开垦土地、经营商业、手工业，生活富足，对忻定盆地农田水利的开发建设也就相对少了。

（三）经营模式为官营、民营、官督民营三种

在清代政府官员的考核中水利建设也是重要的参考，忻定盆地的农田水利建设在晋北地区相对较发达，水利管理系统也较其他地区完善。

表2.3 忻定盆地水利管理模式表

县名	渠道总数	公共管理	渠长制
忻州	120	68④	52⑤
定襄县	33	33	——
代州（今代县）	7	3	4
五台县	6	6	——
繁峙县	4	2	2
崞县（今原平）	14	14	——

资料来源：光绪《山西通志》、光绪《忻州志》、光绪《代州志》、光绪《五台新志》、光绪《繁峙县志》、光绪《续修崞县志》

从表2.3中我们可以看出清代忻定盆地的水利管理以公共管理为主，渠长管理也占有一定的比例。水利兴修在大多数情况下并非一己或一村之力可以承担，渠道中的大部分都是由相关村庄合力兴修使用。如代州峪口河渠，上游溉王家会、岗上、峪里各村地，出山经峪口上下沙窊田村，选仁下庄、金盘、上曲各村并有支渠。

渠长制是由用水户共同推举一渠长管理水利事务，进行水量分配并处理内部纠纷。渠长是忻定盆地境内水利管理系统的基层组织，是得到官府认可的，这种经营模式即为官营。"溉地之法有接锹使水者，有分工使水者，渠长司

之，以次轮溉，无得争越”。[①]但是在渠长以下的基层管理无法更进一步衔接，渠长权力没有约束力，导致经常出现渠长擅权现象。“渠长非尽良善之辈，狡黠之徒。逞其私智，从中唆使蚩愚无知为其所惑，往往敛费构讼，甚至因争斗殴酿成人命，或京控，或部院司道，经年累月继讼不休，渠长但利其中饱，唯恐讼结。为得计果于乡民有利与否不顾也”。[②]用水团体之间因为用水发生矛盾，渠长不去进行调解，而是唆使愚民与他人争讼，用水户需均摊费用，合力维护其利益，渠长只是中饱私囊，不顾百姓利益，为害乡里。

水利公共管理是由水户共同管理或轮流管理。由于是水户自己管理，不涉宫府，这种经营模式即为民营。其特点主要是坚持均平原则，协调用户各方利益，减少水事纠纷，提高灌溉效益。如崞县十八村水地，村民按约使水，“灌溉诸村地畦，每岁从立夏日使水起，以三十日半为一周，各村自上而下依次轮流灌溉，周而复始”。[③]官员有维护一方稳定的职责，需要对水利公共管理事务进行必要的监督和管理，用水户之间、村与村之间甚至县与县之间，都有因为争水而发生的水案。对于这些水案也要进行公正的裁决，这种模式即为“官督民营”。忻定境内地区各县尚武之风盛行，在缺水的年份因为水量分配问题而发生矛盾甚至械斗也是常有的事。“满清时，刑部会办过阳武河水利案件，最后判决不满，双方和平绝望，便走决门一途”[④]。因水案牵涉甚多，稍有不慎就有可能引发大规模的械斗，影响这一地区的稳定，而且有时一方对判决不满又会继续上诉，所以水案的判决往往经年累月，以至数年而不能定诀。如“峩河渠在繁峙县西南二十里，发源黑龙池流经岩头等村九十余里出峩口，东岸属繁峙，西岸属代州，二处互争水利，布政司处判曰，水源出自繁峙，末流始经代州，岂末流独专其利，而旧源无涓滴之沾乎。嘉靖二十年，复讼权监司李判云，水利来自繁峙经由代郡，卒遇岁旱亦当均分至。万

① ［清］窦容邃．忻州志（卷二《水利》）［Z］．刻本，1747：54.

② ［清］方戊昌，方渊如．忻州志（卷六《水利附》）［Z］．刻本，1880：11.

③ ［清］杜崧年，俞廉三等．续修崞县志（卷二《建置志之沟渠》）［Z］．刻本，1887：53.

④ 邸毓灵．晋北崞县阳武河水利调查［J］．西北论衡，1937（5）：51.

历十五年始，奉道府公分之，立石村口以为后世遵守云”。[①] 莪河渠案从案发时布政司裁决，到嘉靖二十年，又到权监司诉讼，万历十五年再次诉讼于道府。道府只得在村口立石碑，让后世遵循。可见水案之复杂、诉讼时间之长及裁决之艰难。

无论从官营、民营还是官督民营，这一地区的水利管理体制都是非常松弛的，其资金投入和行政督导是相对较弱的，人们虽从修建的中小型水利工程，获利不少，却没有像晋中南盆地水利灌溉发达的地区那样形成一种硬性管理体制，粗放式的经营管理使得本就欠发达的农田水利建设事业经常处于一种兴废无常的状态。在忻定盆地各县志书中经常有渠道荒废的记载。用水户没有严格的责任归属，用水户或群体之间因为用水问题而互相争斗，个人对水渠的维护缺乏主动性，常常导致渠道淤塞，渠务废弛，“惰农每侥幸苟安，只知使水不知浚渠，设遇雨阴应时则贪天之功而获丰稔，使不幸天时旷旱则恃渠水灌而无恐”。[②] 水利管理体制的缺陷，使得用水户或群体之间经常因为新开渠道、水量分配、渠道维护等问题而发生矛盾。“光绪戊寅有御史奏请于忻口以东开凿滹沱旧渠，以工代赈，议咨不行，盖阻挠者，不徒一二豪民已也”。[③] 官府想要以更好的解决方案来解决水利问题，但由于既得利益者的极力阻挠，和对当地治安稳定的顾虑，而又不得不放弃。

三、忻定盆地农田水利建设的实效及意义

农田水利建设关系到当地农业的种植、粮食的收成及当地民众的生活各个方面。清代忻定盆地的农田水利建设取得较大的成就，对当时的农业生产有很大的积极作用。

---

① ［清］何才价，杨笃．繁峙县志（卷之一《山川之水利附》）［Z］．刻本，1881：20.

② ［清］方戊昌，方渊如．忻州志（卷六《山川之水利附》）［Z］．刻本，1880：20.

③ ［清］曾国荃．山西通志（卷六十九《水利略四》）［Z］．刻本，1892：6.

（一）典型案例：崞县阳武河官渠和十八村水地

忻定盆地境内的人们利用滹沱河、牧马河、阳武河、云中河的水利优势，开渠引水，拦河筑堤，修建了较大规模的渠道体系。其中以崞县阳武河官渠最为著名。

崞县阳武河官渠，所灌的十八个村庄，其灌溉面积达四百九十三顷九十亩，此即为著名的崞县十八村水地。这一地区水利条件较忻定盆地其余各县要好，且阳武河官渠的水利设施规模在忻定盆地地区相对较大，其水利管理体制也相对健全。村民按约使水，“灌溉诸村地畦，每岁从立夏日使水起，以三十日半为一周，各村自上而下依次轮流灌溉，周而复始，限有日时程，刻立碑二，一在县治二门，一在本处使水首村，永垂定则。上下阳武河村共二日半，施家野庄二日，大牛堡东头村共一日八钟，上默都村一日，下默都村一日，陈家野庄一日，沙城村二日，上大林村一日半，魏家庄南大林村共一日，寺街村一日半，大牛店三日九钟，神山村一日，上下申村二日一钟，上下三吉村一日半，南申村一日，上薛孤村一日，下薛孤村六钟，赵家野庄一日，贾陀村一日，下大林村二日，石封村一日，西会村长流漏堰水一渠”。[①]

崞县十八村水地主要聚集在阳武河下游的平原上，地势平坦，引水便利，土壤肥沃，有“阳武流金”的民谚。清人宋志濂，在《八景咏》中诗曰：“沃土连阡，岁有秋，金生自水武河流。人歌盈矿复盈藏，天赐满篋先满篝。江汉滔滔炉冶铸，源泉滚滚橐囊投。披沙淘地非为宝，多稼年年报稔收。”[②]

（二）光绪年间忻定盆地农田水利建设实效

清代忻定盆地境内的民众对当地有限的水资源，进行了充分有效地开发，得到显著效果。

---

① ［清］杜崧年，俞廉三等 . 续修崞县志（卷二《建置志之沟渠》）［Z］. 刻本，1887.：53.

② ［清］杜崧年，俞廉三等 . 续修崞县志（卷八《艺文下》）［Z］. 刻本，1887.39.

表2.4　清光绪年间忻定盆地农田水利建设实效

引用水源	灌溉面积
牧马河	忻州溉地443顷有奇；定襄董村渠溉智村南胡地。
云中河	忻州溉地60顷有奇；崞县溉田数顷。
滹沱河	忻州溉地27顷有奇；代州溉16村田；繁峙县溉11村田；崞县溉田数顷。
西峩河	代州溉中解十八街各地；繁峙县溉7村田。
峪口河	代州溉8村田。
清水河	五台县溉9村田。
东峪河	五台县溉3村田。
小营河	五台县溉田60顷；磨山渠引小营河、磨山泉水至光绪年间只灌槐阴一村田。
华岩水	繁峙县溉2村田。
冶口河	繁峙县溉3村田。
阳武河	崞县溉21村田。
泉水	定襄三会泉溉8村田，吕布池溉2村田，小霍池水溉3村田，洪福寺后的泉水溉1村田；代州聂营泉溉田近万亩，黑龙池水溉田数千顷，引泉水开玉带水溉田数百亩；五台县泉岩小营河（即小营河）发源地大小数百泉溉1村田，东西两潭，旧日滹沱河西起潭上，东至张家庄，皆稻田也，至光绪年间溉田不及从前之十之一二。龙泉湾溉3村田，然不足顷；崞县引白村泉水溉田数顷，营里渠、双岭渠引本处泉水和滹沱水溉田数顷，引福寿山下泉水数顷。

资料来源：光绪《山西通志》、光绪《忻州志》、光绪《代州志》、光绪《五台新志》、光绪《繁峙县志》、光绪《续修崞县志》

由表 2.4 可知，至清代光绪年间忻定盆地的农田水利建设取得了较大的成效。其主要是对滹沱河流域的河流进行了有效的开发，辅之以对泉水、湖潭的开发，尽可能地利用水源优势，修渠筑堤，引河灌溉，在忻定盆地境内形成了纵横交错的水利渠道灌溉网。

清代忻定盆地的农田水利建设情况与明代相比有很明显的进步，充分地开发了各县境内的河流、泉水、湖潭等水利资源，期间由于河道迁徙靡常及渠道壅堵而造成渠道的兴废和渠道的新开，水利发展有所曲折，如光绪年间忻州牧马河开渠 71 道，其中“此三十五渠为康熙以前古渠，亦见于旧通志，名多重复”，[①]其农田水利建设的过程是逐步发展的，至光绪年间渠道修建总数和灌溉面积也有了一定的增长。从清代初期、中期、后期忻定盆地农田水利建设情况来看，该地区的民众长期致力于农田水利建设事业的发展，并取得可喜的成就。清代初期主要是对这一地区农田水利建设的恢复，中期和后期都较前一阶段有所发展，主要表现在对前一阶段未开发的河流、泉水、湖潭等水利资源进行开发，还有对前一阶段水利设施的维护。

清代忻定盆地大力进行农田水利建设，具有重要的意义。首先，改善了这一地区人们的生活生产用水问题。综合以上各表可以看出，到清代中后期忻定盆地境内的农田灌溉面积有很大的提高，如忻州地区引滹沱河、牧马河、云中河、泉水，灌溉农田面积达 561 顷。代州（今代县）引聂营泉水，溉田近万亩；引黑龙池水（羊头神水之源），溉田数千顷；引泉水开玉带水，溉田数百亩。使得忻定盆地的农田水利建设好于同时期晋北其他地区。其次，保障了这一地区人们的生活水平。农田水利设施的建设，极大地促进了农业发展，灌溉了大量的农田，增加了当地粮食产量，提高了人们应对水旱灾害的能力，满足了人们对基本生活资料的需求，保障了百姓的生活水平。再次，促进了忻定盆地地开发。忻定盆地境内的人们在这片土地上辛勤劳作，发展水利，保障农业。从表 2.1、表 2.2 中可以看出，人们对这里的水资源进行了有效开发。

清代忻定盆地的农田水利建设取得了很大的成效，对当今水利发展有重要的借鉴意义。首先，要因地制宜地发展水利。清代忻定盆地境内的人们充分借助滹沱河穿流而过的优势，结合当地的地质、气候等条件，因地制宜，大量修渠筑堤，引河灌溉，拦河筑堤，减少发展井灌。我们也应当结合忻定盆地的地质、水文、气候等特点发展当今农田水利。其次，多种方式经营水利。清代忻定盆地境内的农田水利事业采取官营、民营、官督民营的多种经营方式，以公正、平均为原则，方便人们生活生产用水。随着时代的发展，管理经营

① ［清］曾国荃 . 山西通志 .（卷六十九《水利略四》）［Z］. 刻本，1892：6.

方式也不断得到创新，我们要积极创新、采用新的水利经营方式，为忻定盆地境内的民众更好地服务。同时我们也要看到当时这一地区水利发展的不足。如清代忻定盆地境内的人们没有学习、引进先进水利工程技术、水利工具的意识。我们发展当今农田水利，要吸取清代农田水利建设的教训，积极学习、引进先进的水利工程技术和水利工具。实现科学用水、节约用水，为我国建设节约型社会做贡献。

第三节　清末五台山地区水利公司的发展（以定襄县广济水利有限股份公司为例）

晋北地区的水利较晋南地区落后，主要原因与该地区的自然环境有很大关系，光绪《山西通志·水利略》对山西的大势有这样的描述，“大抵霍山以南，患在田高而川下，蓄泄难施；忻、代而北，患在水劲而沙浮”，此外，再加上晋北地区水资源匮乏、气候干燥寒冷等，当地的水利建设也没能像晋中南农业发达区那样受到重视，相关水利资料的记载也比较简单，但是在一些地势比较平坦，水资源相对丰富的地区，农田水利建设相对较好，通过上节五台山地区的核心区域忻定盆地在清代的农田水利建设情况就可以窥视一二，民谚“南降北代，忻州不赖”也从侧面证明忻代地区的经济是较为发达的，而对于传统的农业社会来说，经济发展的关键在于农业，农业的发展在于水，而“山高田耸，无川流灌溉，所凭籍者雨泽耳”几乎是地方官员对这一地区农业环境的一致看法。因此，对于被自然环境限制的晋北地区来说，创造条件，建设农田水利，在很大程度上会促进农业的发展。就晋北地区区域内部而言，民国时期雁门关以北的大同府、朔平府各县相继有一些水利建设，总体上没有太大进步，忻代等地水利建设较雁北地区发达，基本保持着清代前期的水平，没有根本性突破①。

---

① 王恺瑞．清至民国时期晋北的水利与环境［D］．陕西师范大学，2007 年．

清代晋北地区的农田水利建设尽管取得对了一定的成效，但由于官方投入较少，技术比较落后，仍然以农民为主体修建一些渠道，水源多取自泉水或峪口骤发的洪水，大多数渠道只是灌溉数几公顷甚至更少、一个或者几个村子，因此，呈现出灌溉田亩少渠道数量多的特点。及至清末民初，在实业救国思潮的影响下，整个晋北地区的水利开发因素发生了很多变化，五台山地区也不例外，出现了山西省水利建设的新模式——水利公司，尽管这些公司是以盈利为目的，但其利用闲散资金为当地大规模兴修水利工程提供了可能，并且为后来大型灌区的建设和管理提供了基础和经验。本节以定襄广济水利有限股份公司为例展开研究，深刻认识该地区水与社会的互动关系。

一、定襄水利公司兴起的背景

在清末实业救国的爱国思潮和其他地区水利公司的推动下，晋北地区的水利开发环境发生了较大的变化，由于水利开发时间短、没有形成完整的灌溉管理制度，除了忻定盆地的忻州、定襄、崞县等地有渠长制以外，晋北的大部分地区水利都是由村民共同管理，不仅规模小而且水利组合内部的组织力量也比较弱，虽有一些水利规约，但未能使得水利与社会之间形成稳定的互惠关系，缺乏稳定性。而在晋南等一些传统的农业灌溉区，当地民众有一系列完整的用水分配管理制度，国家只是在宏观层面上对灌溉事务进行宏观调控和管理，其中介于国家与地方之间的以地方绅董为代表的精英阶层在基层水务管理中发挥着主导作用，长时间以来，形成了相对稳定的水利公共体。尽管明清以来水利共同体逐步开始解体，但短时期内仍将维持现状，因此，新型的水利公司很难在没有大变动的体制下兴起，新旧体系间的冲突必将阻碍其发展。与晋南等地区相反，晋北地区却为水利公司的兴起提供了相对宽松的环境，水利开发时间尚短，水利机制还未僵化，不会对水利开发的新模式形成较大阻碍，并且水资源有较大的开发潜力。尤其是晋北地区的几条大河，如桑干河、滹沱河等都未能很好地发开，存在较大潜力空间。

此外，晋北水利公司的兴起与当时山西的政策有很大关系，阎锡山出任山西省长后，大力推广六政三事，组织六政考核处，其中水利事业作为六政之一，是考核地方官员的一项重要标准，而且还在实业厅下设水利局（后来该局归建设厅管），主持全省水利事宜，并让水利局时常会同各县、区政府走向民间，“力予劝导，以资兴办”。后来又分别在各县成立了水利局或水利委员会，直接地领导县区的实地水利活动。不仅对水利事业的实行提供了政策和资金的支持，而且还从规章制度上保障水利事业正常进行，如《兴办水利简章》[①]规定山西水利以开渠为主，而以凿井修渠蓄水池辅之；在挖渠引水过程中，“渠路必经之地，如有地主故意阻挠，或有他人事上之障碍，官厅代为设法调解、排除”。又规定，凡省内的实例事业为民办官助性质，即以人民为主体，筹集自己创办水利，遇有民间经济困难、资金不达，难于兴办者，由政府发放贷款，帮助开办。如 1918 年，广峪水利公司总经理“股本竭蹶阻碍进行，恳请拨款补助，俾免中途辍业等情，具禀到署”，政府派员核查后由财政厅亩捐项下筹借洋五万元，由监理员分期领用，籍资工作。同时，对农民自发兴办的水利事业也在政策上给予资金支持，《兴办水利贷款章程》第一条就明确规定“各县兴办水利，除以公司名义办理外，凡一村或者数村因需款不济，均得照本章程之规定，借款兴办”[②]。这种政府帮助解决资金的新思路新方法又为晋北水利公司的兴起和发展提供了经济保障。某些县兴办水利时，除了积极利用外县的资金的同时，还吸收外省资金。省内外的投资使各公司增加了资本，增强了实力，扩大了渠灌工程规模。

与此同时随着商品经济在山西的逐步发展，晋北的一些爱国人士和开明之士看到了当地水利开发的机遇等等。以上诸多条件的成熟，使得晋北水利开发的新模式——水利公司得以兴起。在 20 世纪初的十几年间，晋北地区先后成立水利公司 30 多家，从各公司的设计灌溉量来分析，设计灌溉面积在

---

① 该简章是 1917 年 11 月 12 日山西省政府颁布的。

② 六政考核处编．山西六政三事汇编（卷 3）［M］．山西村政处，1929.

10万以上的公司有7个，1～10万亩的公司有8个，1万亩以下的公司有12个；而设计灌溉量在10万亩以上者工程都未能告竣，有很多公司在工程未建成时就因资金匮乏，或停工，或与其他公司合并转让其他公司续开。总的来说，这一时期是山西晋北地区水利发展的黄金时期，其中尤以山阴县富山水利有限公司、崞县定襄的广济水利公司、应县的大应广济水利公司三大公司在灌溉面积和改良土壤方面效益很大。这些水利公司有许多公共的特点：

1、开明人士发起

公司兴建者是资产阶级知识分子或封建开明的官僚士绅。清末战争频繁，社会动荡不安，广大劳动人民生活拮据，仅有维持生计的能力，无力兴建大型水利工程，因此水利公司多由有声望的开明人士集资兴办。这些开明人士受民主新思想的影响，主张在当地兴办水利公司并积极付诸行动。如山阴县富山水利有限公司和应县的大应广济水利公司的倡办者刘懋赏是朔县有名望的士绅，曾经留日，是同盟会成员，辛亥革命胜利后曾在京担任议员，还有一些公司的主办者在北京或省上担任重要职务，与政界联系广泛，对于公司的建立有一定的前瞻性。

2、股份制新模式

以盈利为目的，商民合办的股份制水利公司开创了山西水利开发的新模式。如朔县六合水利公司成立时规定每股白银100两，第一年每人1股共6股，两年集资白银1200两创设公司，以后每股增加投资白银50两。到民国六年，总金额已经达到白银9100两。在当时军阀割据，战争频繁，经济凋零的历史条件下，水利公司广泛收集社会闲散资金，确实是一个充分利用资金发展水利的好办法。

3、规模大、效益高

水利公司兴建的工程规模大，灌溉范围广，使得灌溉效益大大提高。朔县六合水利公司在桑干河上游恢河西影寺附近修建拦河坝1处、丁坝3处、南北干渠2条各长25千米（南北干渠各有支渠11条，总长30千米），控制32个村庄约19多万亩灌溉面积。广裕水利公司的阳方口石坝长240米，高宽各 3 米，沙河口石坝长 360 米，宽 3 米，高 6 米，远远超过过去民办水利工程的规模，灌溉受益村庄 30 多个，约 20 万亩土地肥力得到改善。再如 1921 年阎锡山控制了雁北三大水利公司的经营权后，对原有的工程进行了维修和扩建，富山水利公司由原华北水利委员会设计水泥砂浆砌石滚水拦河大坝取代原来的土坝，增加渠灌区的可控制面积[①]。阎锡山接管水利公司后能够有效地利用自己的政治影响，更新水利工程技术，完善水利设施建设，一定程度上促进了水利公司的进一步发展，但后来水利公司却成为其剥削人民的工具。

其社会效益主要有两方面，一是对大片的荒地进行大面积的浇灌，改良土地，变不可耕地为可耕良田；二是对现产量不高的耕地进行浇灌，提高土壤肥力，增加单位面积的农作物产量。以朔县洪灌为例，全县每年通过洪水浇灌，可改良一万五千多亩砂碱滩地，使其变为良田。农作物（高粱、谷子）每亩产量可达到 2 斗 5 升至 3 斗，折合今天的 75 ～ 90 斤。可耕旱地一般年景亩产仅有 1 ～ 2 斗，经过清水春浇或秋浇，亩产即可提高一倍左右[②]。增产效益最明显的是小麦、大麦、莜麦、豌豆等作物。

4、征收水费新途径

征收水费明确严格，有利于公司有效运营。如六合水利公司秋水每亩大约征收水费 2 角 1 分，清水每亩约征收 1 角 6 分。广裕公司灌区把土地分为 5 个等级，公司和农民以 2：8、3：7、4：6、5：5、6：4 分得土地，每亩收水费 1 角 2 分到 3 角 2 分不等。公司每年可获得土地约五百多亩，征收水费 1000 元。固定的征收水费制度是晋北地区水利公司发展前期能够取得成功的一个重要因素，但这种水费征收方式并不是最科学合理的，随着公司的发展，这种人为规定土地等级，按等级征收水费的弊端日益显现。

---

① 王恺瑞 . 清至民国时期晋北的水利与环境［D］. 西安：陕西师范大学，2007.

② 张荷 . 关于近代山西水利股份公司的探索［J］. 山西农经，2014（1）：36-39.

二、定襄县广济渠水利有限公司的成立

滹沱河，发源于繁峙县泰戏山桥儿沟，经代县、原平县，在白村乡三家村西流入定襄，于宏道镇平东社村转向东北，流入五台山县。据史书记载，定襄县在滹沱河上开渠引水，古已有之，最初是北宋仁宗时，定襄县邱村人尔朱氏倡议开渠，但由于种种原因，没有建成；及至金代，定襄知县李候依赖县内“豪杰乡父兄子弟协助之，历时二年之久”渠才建成，渠水可灌溉一万余亩田地，一副“流波涌涌，净绿盈沟，农事奋兴、坐享丰润，禾麻菽麦，郁郁弥望”的景象[①]。关于该渠废弃的时间，一种观点是依据《广济渠碑记》记载，该渠于明洪武年间废弃，另外一种观点是，由于地震，滹水渠毁于元末至正二年四月。[②]但不论是那种观点，滹水渠至迟在明洪武三十一年（1398年）前废弃，直到康熙二十年（1681年）赵继普重开新渠广济渠之前，当地民众深受无水灌溉之害，有明一代，曾经富庶的地方，“饿殍栽道”。康熙二十年，定襄县官赵继普曾前后两次开渠，历时三年，开成长达四十余里，大约浇地二、三万亩的新渠——赵公广济渠，该渠在乾隆初年废弃。以后虽有地方官、乡间绅民倡议修复，清政府也在光绪六年（1880年）命令山西巡抚曾国荃筹办，曾派荣古春会同忻州知州方茂昌，定襄知县郑继修认真履勘。后以“该渠界连三属（县），人民众多，此争彼阻，容易酿成械斗重案，过去几次有人要求开复，上控到省到京，几朝均禁开渠”为由，建议禁止开复，清政府也只好作罢[③]。

1912年，在续西峰的倡导下，重开广济渠，并且成立了新型的水利公司——广济渠水利有限公司。续西峰，名桐溪，一名九州，字西峰，1880年出生于山西省崞县同川路西社村（现属定襄县）的农民家庭，少年时豪放跅弛，

① 元好问．创开滹水渠堰记［A］．雍正《定襄县志》卷八《艺文志》［Z］．南京：凤凰出版社，2005：142.

② 定襄县政协文史资料委员会．定襄县文史资料（第二辑）［M］.1992：56.

③ 定襄县政协文史资料委员会．定襄县文史资料（第二辑）［M］.1992：56.

不拘形迹；读书务求实践，不重章句。1905 年加入同盟会，是辛亥革命北方地区的领袖人物，被称为“华北革命巨子”，当时他所在的西社村成为晋北汇聚英豪、策划革命的中心。由于续西峰率领的忻代宁公团攻打和守卫大同，牵制了清军兵力，保住了山西起义的整个局势，为山西的辛亥革命做出了重要贡献，1912 年初被中华民国临时大总统孙中山授予陆军少将军衔。1912 年续西峰回到西社后不久，定襄县大营村村民蔚文堂找到续西峰，谈及当地“地势平坦，土质很好，就是十年九旱，弄得人们穷苦不堪，古时候，这一带的广济渠能‘夜灌千顷’”时，认为续西峰闹革命，就是为人民谋利益，建议他“集合忻、定、崞三县的人民，上自忻口，下至宏道，在滹沱河上开一条干渠”，造福后代。① 续西峰对蔚文堂的建议非常赞赏，随后决定筹办。

首先，续西峰在宏道镇成立“大同银行”，由续范亭②、续式甫③、邢斌丞④、张淑琳、赵三成⑤、康佩珩⑥等人负责，号召沿渠富户存款集资。同时又派续果良、续干、邢斌丞、李凤栖等人，召集忻州、崞县、定襄三县沿渠二十七村的地户代表开会，目的是为了统计浇地数字，调查旱、水地产量相差的情况。其次，续西峰亲自为沿渠村民代表召开会议，宣讲“广济渠”的历史及开渠与民众利益休戚相关的道理，进而统一开渠思想。当代表们得知“广济渠”开通后，可灌溉五六万亩，亩产可从八十斤增加到三百斤以上时，

① 定襄县政协文史资料委员会 . 定襄县文史资料（第二辑）［M］.1992：55.

② 续范亭（1893—1947），续西峰的族弟，山西崞县西社村（今属定襄县宏道镇）人，早年曾追随续西峰参加同盟会，并在续西峰组建的忻代宁公团中担任副官兼卫队长，曾在国民党任职，后与共产党合作创建山西新军，是我国著名的爱国将领。

③ 续式甫（1886—1949），续西峰族弟，山西崞县西社村（今属定襄县宏道镇）人，同盟会会员，曾在忻代宁公团从事文牍，早年与续范亭一道追随续西峰进行民主革命活动，他与续西峰、续范亭号称续氏三杰。

④ 邢斌丞崞县宏道镇人，同盟会会员，追随续范亭进行革命活动，在忻代宁公团从事外交活动，任崞县分团长。

⑤ 赵三成在忻代宁公团任参谋长。

⑥ 康佩珩在忻代宁公团任副团长，也是五台县分团长。

他们一致表示赞成开渠。第三，以股份制形式管理水利事务，规定捐钱者为“财股”，占地者为“地股”，抽专人执办水务者为“人股”，渠成之后，三年结账，按股分红，并建立了“股东委员会”，成立了“广济渠水利有限公司”[①]，推选邢斌丞为经理，续干为协理，领导开渠及工程管理事物。第四，为了统筹管理开渠及相关水利事务，加强领导，沟通忻州、定襄、崞县三县关系，广济渠水利有限公司内部又从上至下设置了专门的人员进行管理。公司在宏道设立了总局，由经理邢斌丞主持，下设先生（会计）、庶务各一人。总局之下在定襄县于家庄设立了分局，由协理续干主持，下设先生一人，由续干堂担任。在界河铺蛤蟆石设立了河口办事处，主任由张银堂担任，下设书记一人，由于记林担任。在河口办事处下面，各县受益村都设渠长一人。另外，白村，上汤头、下汤头、横山，季庄，无畏庄，宏道、都以段建有监水房，设监水员一人，并季节性雇用巡渠人员三至五人。

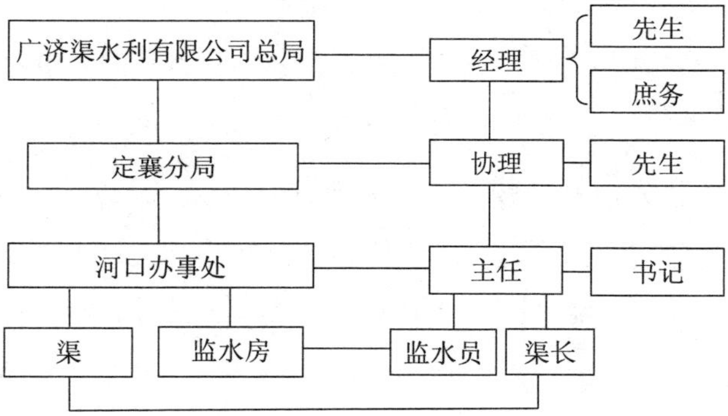

图 2.1　广济渠水利有限公司组织结构图

此外，为了维护新渠的正常运行，经“股东委员会”讨论通过，还制定了管理简章。主要有以下几条[②]：

1、抢水霸水，轻者罚款，重者坐监。

2、渠岸树木，偷一罚十，妇女在渠边行路，靠树捏脚，罚款五百枚。

---

① 公司设在宏道镇南街。

② 据该公司当时的在职人员康秀文回忆整理而成，转引自定襄县政协文史资料委员会．定襄县文史资料（第二辑）［M］.1992：58-59.

3、失职人员，轻者处罚，重者开除。

4、不交水费，不予浇田。

5、先生人员，日清月结，三年总算，按股分红。

6、贪污行贿，清算赔偿，加倍处罚。

7、春、夏、秋水、上轮下至，不得违犯。

8、建立长锹队三十人，长住河口，保护码头，维修白村至河口的引水渠道，并负责河口打坝引水。

9、公司期定为三十年，如受益二十七村，能自给联合，则为公司解散日期。

管理简章的出台是水利公司能够正常运行的制度保障，如不仅对抢水霸水、偷砍树木、拖欠水费、贪污失职等行为有惩罚，而且对如何用水浇地也有相关规定："春、夏、秋水、上轮下至，不得违犯""没有交水费，不予浇田"。以亩为单位征收水费，每亩征收五升高粱，若用户没有现钱则以粮食替代，反之亦然。如果钱粮都没有则用物品作价，各村渠长包干负责，到年底时清算，一概不拖欠水费。此外，还专门建立长锹队维修引水渠道等等。

新修的"广济渠"，从1912年春天开工，直到1920年，干渠、支渠才全部完工，渠道从界河铺蛤蟆石至大营村牛羊沟，全长六十六华里。浇地四万五千亩，共有支渠五十四条，总计长达二百公里。渠系设计由木工刘梅先，采用木工操平法选线、施工。渠道工程建筑物，由北林木村著名工匠张肉承担包建，全用行錾石、桃花浆砌成。主要建筑物有：上汤头，下汤头，夏村，于家庄，横山，季庄，无畏庄和宏道的石桥八座；河口，上汤头的鸡圪台，下汤头的双退水，于家庄，大营牛羊沟的退水闸五座；寺家庄，上汤头（二个），白村（二个），夏村，于家庄的涵洞七个。支渠上的小石闸更多，约一百八十件。等等。虽然在修渠过程中曾受到忻州白村（今定襄县）富户"三星照"等人的阻挠，但在续西峰的支持下，最终顺利开通。以后，工程全部配套，灌溉面积达六万余亩。旱地亩产由过去的八九十斤，提高到三百至四百斤。不到几年，公司即兴旺发达，变成利渠，三年后，之前所欠的股东债务一次还清。总计"广济渠"受益村共二十七个，即：当时属于忻县的村庄三个：寺家庄，玉会，白村。属于定襄县的村庄十七个：上汤头、下汤头、夏村，北受禄、于家庄，横山，季庄，南林木，北林木，凉楼台，邱村，回风，阎家庄，咀子村，马城，大营，留念。属于崞县的村庄七个：宏道，辛安（北属崞县、南属定襄），无畏庄，北社，西社，南社，贾庄。

该渠在抗战前效益一直很好，1938 年日寇攻陷定襄，公司一度瘫痪。1939 年春，该渠归晋察冀抗日根据地管辖，经过与各股东协商，改公司为普济民众渠，并在于家庄设计渠务局，推荐经理、协理、庶务、干事若干管理人员。到 1947 年，广济渠终于回到人民政府手中。新中国成立后，在于家庄村设立了“灌区管理委员会”（有职工七人），属忻州地区滹沱河灌溉管理局管辖。定襄县政府多次组织人进行整修，扩建，截弯取直，现在广济渠共有干、支、斗渠七百一十五条，总长一千余公里，各种渠道上面，有桥、洞、跌水等建筑物一千二百零九件，灌田面积已达到十一万多亩，受益村子达四十五个。粮食亩产成倍增长，平均亩产由过去的三百斤，增至八百斤[①]。

三、水利公司的经验

水利落后的雁北地区是清末以来水利公司兴办的集中地，这与当地长期以来的水利不兴有很大关系。水利公司的兴起，使得晋北大量的砂地、盐碱地及荒地得以改良。据统计，富山、广裕、广济各大水利公司集资开渠，引用桑干河恢河河水淤成良田约二十一万亩[②]。定襄广济水利公司于 1920 建成的广济渠，仅此一项工程就可以灌溉农田四万五千亩。经过灌溉的农作物，亩产可达到三四百斤，而重新兴建渠道前其亩产只有八九十斤。可见各水利公司的兴办确实改良了土地肥力，促进了农作物产量的提高，推动了当地农业经济的发展，为民众和社会增加了财富。总之，定襄广济水利公司等晋北水利公司开创了股份合作制的建设水利事业的新方式，并成倍地扩大了水利

① 定襄县政协文史资料委员会 . 定襄县文史资料（第二辑）［M］.1992：60.

② 王恺瑞 . 清至民国时期晋北的水利与环境［D］. 西安：陕西师范大学，2007.

开发的规模和效益，虽然最终多数公司归于衰败，但公司发展过程中的利弊得失值得我们在大力发展市场经济的今天去研究。

（一）群众主动参与用水管理，促进水利事业发展

清末官绅积极兴建水利公司，调动群众积极性的同时用水纠纷事件也时有发生。到清末时晋北水利开发时间短，没有形成等级森严的灌溉管理制度，官方参与性不强，大量盐碱荒滩没有被开发利用。正是看到这些发展前景，当地受新思想影响的开明士绅积极地利用自己的政治影响，筹集当时社会上的闲散资金，开始了晋北地区兴办水利公司的高潮。但兴办者与农民也会产生矛盾与纠纷，影响公司运营和发展。目前，群众用水多依靠水管单位，而水管单位事务繁多，管理力度不够，群众为争水打架斗殴的事情时有发生。要解决水利纠纷，只有实行民主管理，用水者以主人翁的身份参与到用水管理过程中，充分发挥主观能动性，实现共同受益的目的，才能使灌溉区得到健康的管理和稳健的发展。

（二）科学征收水费，对水利事业的发展至关重要

水利公司发展前期能够取得成功，其中一个重要因素就是形成了固定的征收水费制度。但是水费征收方式粗糙，制定的标准缺乏科学依据，到民国十年以后，用水群众交费不积极，各公司出现严重的财政危机，公司运行陷入瘫痪。阎锡山及其亲信便在“六政三事”的政策下利用政治和经济特权，插手并控制水利公司，利用公司对人民群众进行大肆掠夺，严重违背了客观经济规律，导致晋北的水利公司走向整体衰败。水利公司的股东投资水利工程的目的是获得盈利，而盈利很大一部分来自于提供灌溉用水所获得的水费。水费征收不合理，农民自身的利益得不到保障，交费不积极，必然影响水利公司发展。没有水费收入，水利事业不可能持久发展。因此，在水费征收前要科学定量，合理定价。

（三）政府正确行使职能，使得水利市场稳健运行

阎锡山接管雁北三大水利公司后，一方面水利公司规模进一步壮大，另

一方面公司变为其剥削工具。这种结果是由多方面的因素造成的，我们需从其得失中吸取经验教训。在今水利经营管理中，绝不能出现个人主义，以个人意志和经验办事，而是要充分发挥集体的力量，放权给水利企业。让他们有自主管理能力和危机回旋余地，保持一种勇于承担肩头压力，心中时刻有动力，工作时刻有效益的工作状态，把责任和权力真正统一起来，从而在市场经济活动中，使水利经济得到充分发展[①]。当前，我国水利建设的主要方式还是国家投资建设，设专门机构管理水利事务。政府需充分搞好资源配置，把有限的资源合理分配到社会各领域、部门、产品和劳动生产中去。并积极以市场为主体，政府正确发挥宏观调控作用，建设服务型政府。

（四）与其他水利开发相结合，促进山西农业发展

晋北水利公司通过灌溉土地，增加了农作物的产量，促进了当地农业的发展。但水利公司没有与其他水利开发方式相结合也是其衰落的一个重要因素。山西省大部分位于丘陵地带，耕地面积大但是不集中，并且大部分地区气候干旱缺水，想要获得发展尤其是农业的发展就必须把水利开发放在首位。晋北地区水利公司初期发展的成功，最重要的一点是能把开发水利与开垦荒地结合起来。美国 18 世纪中叶开始的西部开发中也曾采用类似的办法，如在 1877 年的干旱土地法中，政府向那些愿意在土地上修建灌溉渠道的人以较低的价格出售土地，并且放宽付款期限，允许购买土地者在 3 年内付清土地金额[②]。现阶段由于我国的土地所有权属于国家，不可能完全照搬以上的做法，但政府可以研究制定一些优惠措施来促进山西省农业的发展。

综上所述，定襄县广济渠水利有限公司是晋北水利公司发展的一个缩影，晋北地区水利事业的发展，到清末民初出现了与古代水利截然不同的新模式。水利，作为古老农业甚至近代工业经济所必需的基本生产条件，随着晋北地区商业经济的兴起和拓展，已被相当一部分封建官僚和士绅地主视为一项有

---

① 高建民 . 近代晋北水利企业探析［J］. 山西水利，2005（3）：89-92.

② 吴军，邓涌涌 . 中国近代水利开发的新模式［J］. 水利经济，2002（2）：16-20.

利可图的社会公共事业。历史上那种一村数户的个体经营方式退居到从属地位，由一个地区的封建士绅和军阀官僚集资合股兴办水利公司取而代之。清末民初晋北地区筹办了一批股份（有限）水利公司，这一新兴水利经营模式的出现，不仅其工程规模大，而且在灌溉效益上已由过去的几百亩、几千亩，一跃发展到上万亩甚至几十万亩，同时在水利工程技术上引用了国外近代先进成果。但由于后续资金不到位和天灾人祸等各种原因，水利公司最终走向衰败。但不可否认的是，兴办的水利公司曾一度给当时晋北地区的农业经济发展带来了生机和活力，它标志着该地区水利事业发展前所未有的进步。

第四节　清代五台县的水利与地方社会

一、五台县境内的农业环境

五台县位于今山西忻州东北部，境内皆山，“导脉恒岳，连太行八陉，在县者以五台山为鼻祖”，五台山在县境的东北部，一支主干山脉东南走向，南接盂县、定襄县，“横岭侧峰，蜿蜒起伏，多峭削如壁，有石无土”，“两山之间夹为深沟，绵亘二百多里”；一支主干山脉由东西莪岭走繁峙县、代州，达于雁门[①]。受此地形影响，境内山地较多，平地较少，不利用于农业发展，据光绪《五台新志・土地》记载，“五台县境内皆山，土产十之一二三，平土尤少”，可供耕种的平土区零星地分布在城南小南路、小西路之间，阁子岭之北，窦村川，大南路等地，但面积都很小，“境内的城南小南路、小西路之间有平土一，区东西南北皆不过十里，中间仍夹有冈阜阁子，领之北有平土一，区东西十五里，南北不足十里。窦村岭下有平土一区，名窦村川东西十余里，南北不足十里，大南路在滹沱河两岸平土狭长如带，东西不足十里，

① 徐继畬 . 五台新志（卷二山水）［Z］，1883：50.

南北广者二三里、狭者不及一里，南岸建安、河边等村间有平土亦兼偏狭”。

除平土区外看，五台县境内则皆为“冈阜纡蟠”，这种土地的特征是“田高下如阶级，近山则皆梯田矣”，上、下峪（前面提及的两山之间夹为二百多里的深沟，北部叫上峪，南部叫下峪东峪）由于石多土少，当地民众通常采用淤积的办法进行农业生产，光绪《五台新志·土地》对此有详细的记载，“沿河砌石为池，候山水涨发，浊水入池，呈草根而淤，积数岁，淤至五六寸即可耕种，淤至尺余即成良田，故上下峪产粟最多，丰年溢济邻境”，但受大洪水的影响，每隔一二十年，先前淤积的良田，便会被冲刷净尽，止余粼粼白石，民众为了生存，则砌石再淤积数年、十数年，直至其成为可耕种之田，其艰难可想而知。

五台县境内地势“北高南低”，气候差异较大，“北寒南暖”较为明显。《五台新志·气候》[①] 曰：“最暖者为大小南路，大南路在滹沱两岸，气候与定襄、忻州、崞县相，若自东冶镇，迤东北地形渐高至县治左近则四月冰方全解，七月山顶即见雪，气候较大南路差五旬，大南路柳絮漫天，桃杏已成荫结子，五台山柳条乃初变黄色也，小南路之下峪，地形尤低，山嶂向阳，故较大南路尤暖，然县城迤东迤北得雨较易，土性疏，衍雨及寸，即可布种，大南路则得雨最艰，恒苦旱干土厚而坚，雨非三寸不能不种，遇雨足之年，则收获优于北路，然患人满，丰年亦资北路之粟”。

五台县境内主要的河流有清水河、虑虒河、虒阳河、东峪河、泉岩河（亦名小营河或小银河）、滹沱河，当地民众对清水河[②] 和小银河利用较多。清水河是滹沱河的支流，发源于五台山的紫霞谷及东台沟，由西北向东南流经金岗库、石咀、门限石、耿镇、高洪口、天和、陈家庄，在神西乡的坪上村汇入滹沱河，全长 113.2 公里，河宽 50 ～ 100 米，流域面积 2405 平方公里，其 10 公里以上的支流及汇水沟谷约有 27 条[③]。清水河流域地形受五台山脉的

---

① ［清］吴其均．光绪五台新志［Z］．江苏：凤凰出版社，2005：41.

② 虑虒河、虒阳河是清水河的支流。

③ 李英明，潘军峰．山西河流［M］．北京：科学出版社，2004：421.

控制，沟壑纵横，形成不同的地形区域，主要有土石山区、黄土丘陵沟壑区、冲积湖积平原区三个类型区，其中冲积湖积平原区海拔高程在 900 ～ 1200 米之间，地势平坦、土壤肥沃，是主要农耕区。小银河，即泉岩河，又名小营河，发源于五台县红表乡殿头村，到探头与桑园沟相交，至阳白南五百米处即郭家庄始有水出，以北为节令河。经郭家庄、郭家寨、北大兴，到槐荫村南注入滹沱河，全长 32.5 公里[①]。

流经五台县的河流流域处于中纬度的温带季风区，四季分明，春季多风干燥，夏季炎热多雨，秋季天高气爽，冬季寒冷少雨。从五台县周围较大流域的降水量来看，平均降水量在 495 毫米，而五台县地区降水量在 500 毫米以上[②]，但仍受到季风影响，降水年际变化较大，年内分配极其不平衡，夏季降水占全年降水三分之二。由于大陆性强，使得此地区的蒸发量大，特别是平川及高川地区。河流的径流量年内分配不均匀，在汛期时的径流量一般占全年水量的三分之二，但是在枯季断流现象时常发生，而且径流年际变化较大。流域整体植被较差，森林覆盖率极低，森林的调水蓄洪很差，洪水总是携带大量泥沙奔流而下，致使流域水土流失十分严重，泥沙淤积，河床不断抬高，但是此地区属于山区性河流，坡度普遍较大，水流湍急，当地民众积极利用洪水进行淤灌。

此外，五台县境内的泉水资源也比较丰富，如五台山中台之太华池，东台之明月池，北台之黑龙池、射虎川的神武泉、县治南门外的沙沛泉、县治西北二里峰山下的九女泉、县治北五里的龙泉、天和山的龙泉洞、县治东南九十里的黑龙池，县治西南十五里的孤峪沟泉、东建安的东潭、潭上村的西潭、探头村的马跑泉、避事垴上的济难泉、磨子山的磨山泉、豆村川的北狱池。茹村西北的茹湖，太师垴下的龙王泉、独龙山下的龙池、田家岗村的黑莲池，县治东八十里山畔的水莲洞、狐峪沟的白云洞、阎家寨的东峨湖、阳白村的

① 李英明，潘军峰．山西河流［M］．北京：科学出版社，2004：420.

② 李英明，潘军峰．山西河流［M］．北京：科学出版社，2004：395.

西峨湖，共计二十四处。据统计，全县共有小泉小水二百四十四处。①

总之，由于五台县特殊的地形、土壤、气候等，导致该地区山区较多，土质疏松，生态环境脆弱，尽管境内水力资源丰富，但却无法充分利用，在这种情况下，农业环境较为恶劣。五台县的自然环境恶劣，春旱尤为显著，种植的作物以耐寒耐旱为主，一直以来形成了广种薄收的农业耕作制度，这在一定程度上影响着水利工程兴修程度。此外，农民生存方式的多重性也影响着水利建设②。五台县因为土地面积小，人口不断增加，现有的土地满足不了人口耕种需求，所以除了农业以外还需要依靠其他方式生存，这也影响到当地的农业环境的改善。五台县方圆六七百里，可以耕种的只有十分之二三，而商贾也仅仅在本土，很少有外出行商，所以收入甚微，有一些资本的全部投入土地。那些没有田地的人们履险登山，刨土耕地，农民稍有闲暇，都是以驼炭为业。

二、五台县的农田水利建设概况

据《五台新志·水利》记载：“台境田在冈阜，水利绝少”，五台县城地处高阜，自古用水艰难，城内的商户、居民用水须到城外的虑虒河中担挑，每逢严冬用水，汲水尤其艰难③。1927 年城内才有了第一眼水井④。农田灌溉可利用的河流也较少，河流水量大的只有滹沱河，但是地高河下，有被河水冲刷的弊端，无法灌溉田地。清代前期五台县的引用水源有龙泉湾、台山河、小营河、滤虒河，其中台山河有 5 条渠道、滤虒河有 4 条渠道、小营河有 6 条渠道。雍正以后，清政府推行了一系列有利于农业发展的政策，由此，晋

---

① 五台县志编纂委员会编 . 五台县志［M］. 太原：山西人民出版社，1988：102-103.

② 王恺瑞 . 清至民国时期晋北的水利与环境［D］. 西安：陕西师范大学，2007 年 .

③ 五台县志编纂委员会编 . 五台县志［M］. 太原：山西人民出版社，1988：27.

④ 县长邱仰浚首倡于鸡市巷打了第一眼自流井，居民集资兴建“沁芳亭”，立碑纪念；1933 年，县长王廷芝主持，在文庙前又凿一深井；后 1963 至 70 年代以来，才又建水塔两个，全城用上了自来水。

北地区的水利事业得到了进一步的恢复和发展。清代中后期，五台县的水源可以引水成渠可以灌田者，“唯东路之上、下峪河及西南之小银河。”[①]

关于清水河的农田水利情况，史料中有明确的记载“清水河上峪渠溉县东北五村田，下峪渠溉县东南四村田，东峪渠流合清水溉县东三村田”，旧通志之台山河也，源出北台行二百余里入滹沱上峪开渠灌田者为松岩口、上耿家庄、河西、河北和高洪口，惟松岩口地阔而腴甲乎诸村，下游汇虑虒、虒阳两河之水流入下峪，开渠灌田者为孤独店、下耿家庄、教场村、罗家庄，东峪河经下峪之移城村、孙家庄、百兰村引水溉田”[②]，而且提及清水河的渠道非一条，兴废无偿，沿河诸村皆淤田也。

水利较大的是小营河，明万历年间，上游为豪民所占，知县李成祖进行公断，平均了分田用水期，刻石记载，称“丰乐渠”。引水灌溉的有郭家寨地三顷，大溪村八顷，槐荫村十七顷，东冶以东各村三十二顷[③]。清代滹沱河北岸的小营河灌地六十顷，是五台县水利发展较好的地方。泉岩，是小营河的发源之地，大小泉数以百计，但是未能汇合成渠，于是居民便就地作畦，发展稻田，颇为茂盛，但数量有限，小营河引渠灌田的南岸因受滹沱河水涨发的限制，极不稳定。

五台县的农田水利，除了上述提及的清水河、小营河外，还有一些地方利用泉水资源，但规模比较小。据光绪《山西通志·水利略四》记载有“其别泉资溉者县东北有龙湾泉，西南有磨山泉，东西二潭”和龙湾泉。“五台新志龙湾泉种稻极佳，然田不足顷，其水南流成河酱房、东峡、西峡三村可以溉田”[④]。“磨山泉旧灌槐荫及东冶以东各村田，筑坝在泉岩河大坝之南，每岁截河而筑颇费人工，近年东岸之渠渐废，惟槐荫尚用此水”。槐荫村在

---

① 五台县志编纂委员会编 . 五台县志［M］. 太原：山西人民出版社，1988：77.

② 曾国荃 . 光绪山西通志（卷六十九水利略四）［Z］.61.

③ 五台县志编纂委员会编 . 五台县志［M］. 太原：山西人民出版社，1988：114.

④ 据《五台新志》记载龙湾泉，即虒阳河之源，种稻米极佳，然田不足顷 . 其水南流成河，酱房、东峡、西峡三村可以溉田。然三村在山坡，田亦多在高阜，仅附近河滨之田可以灌溉耳”。

河西岸，环绕山根引渠很是便利，但东冶以东各村在河东岸，每一次截河筑坝，颇费人力，久而久之，东岸的渠道渐渐荒废，只有槐荫村还在用渠道引水。“东西两潭在滹沱南岸，旧日西起潭上东至张家庄，弥望青葱兼稻田也，乾隆五年十二年滹沱涨发，稻田悉被沙压，数不及从前十之二三”。

据1950年调查，1949年前，全县有水地两万四千亩，计小银河十三村（郭家寨、南大兴、槐荫、东冶、五级、永安、永兴、前堡、石村、新堡、苏家庄、刘家庄、文兴），有水浇地六千亩；清水河从五台山至陈家庄有水地一万三千亩，团城沟的小王村有稻田三百亩，上庄村有水地九十亩；西峡村利用龙王泉种稻三十亩；建安地区有稻田三千亩；南湾村利用滹沱河的滚水坝筑利民渠，有水田二百亩；神西地区有天顺、龙海渠引水浇地三百亩；甲子湾石猴坪有水地二百亩；城南东坪寨利用滤虒河水，开渠浇地三十亩；阳白、上金山利用泉水开渠浇地一百亩。1950年，大搞了横墙排水工程，将小贤地区的洪水排于石沟，使历史上常遭洪害的茹村盆地大大降低了洪水灾害[①]。

总之，清代五台县兴建了一些水利工程来引水灌田，但水利建设方面的技术仍然滞后，满足不了现有的灌溉需求，并且是农民自发组织渠道的建设。水利建设过程中没有科学的地质考察与合理的工程设计，地方官员对于水利建设保持观望的态度，致使渠道经常被泥沙淤积而渐渐荒废，所以农民灌田之水多取河水或洪水，借助自然的便利条件加以利用，清水河与小营河的水力还有待进一步的开发。清末民初，晋北地区的水利建设勃勃生机，并且开创了一种新型模式——水利公司。股份制水利公司主要是以筹集股本为资金，这种机制可以广泛的汲取资金来兴修水利工程，促进当地农业的发展。股份制公司所需要的资金并不是个别资本就可以支撑的，不难发现民国初期出现的股份制水利公司一般是当地乡绅所投资的企业，这些乡绅之间存在着一定的关系，是亲朋好友或是同僚[②]。总之，他们的筹资渠道特别广，在政界的交

---

① 五台县志编纂委员会编．五台县志［M］．太原：山西人民出版社，1988：114.。

② 王恺瑞．清至民国时期晋北的水利与环境［D］．西安：陕西师范大学，2007.

际圈也很广泛。民国时期，阎锡山在山西又大力推行“六政三事”，把水利建设作为六政之一，建立六政考核处，将政绩作为考核地方官员的重要依据之一，并在基金上给予支持，对水利事业的实施提供了政策和资金的扶持[①]。在这种利于农田水利建设的大背景下，据民国山西省六政考核处编《山西省各县渠道表》中记载，五台县的渠道增加至26道，并且每一渠道都有渠长制，其发展有目共睹，但仍然比较落后。

三、水利运营、管理与地方社会

（一）渠长制

清代时期，山西水利运营管理主要是由渠长制、公共管理和单姓管理组成。晋北区域的水利管理模式以村民共同管理为主，还有一小部分由单姓家族管理，但是五台县是比较特殊的，它是晋北地区极少数的渠长管理制，修渠等按亩出丁。

一般水渠管理组织机构都由渠长、水甲两部分组成，渠长与水甲都是由村民选举而出，属于差役的一种，都是民间自行组织，官府并不参与。由于渠长对各村的分水关系到每个村庄用水时长，这就影响到农民用水灌田的利益，所以渠长选举必须由处理事务能力强、办事干练、人格方面值得多数人的信赖、刻苦耐劳的人来充任。除此之外，家底丰厚也是不可缺少的条件。

地方水利设施一般是政府行为，由于五台县的军事地理位置优越，地方政府对于水利方面的关注度并没有比军事方面高，但是清政府对农业相当重视，因此地方政府对农业水利建设效益也不能忽视，地方政府不但要关注农田水利，更要对其加以督导。值得注意的是，在农田水利建设发展的过程中，不乏会出现用水户之间利益冲突，这就会产生水利纠纷，地方政府需要对相关案件进行处理，及时发现水利建设及运营时期出现的弊端，对一些不法行为，

① 中共中央党校．阎锡山评传［M］．北京：中共中央党校出版社，1991：106.

及时纠正处理，保证水利灌溉机构正常运行，稳定地方社会秩序。

五台县水利灌溉组织形式是渠长制，村民耕田灌溉都要在渠册上进行登记，经过核实之后，才有资格使用水资源灌溉田地。同时，渠册上规定着各村村民用水灌溉的时段，他们按照渠册规定来灌溉农田。每条渠道上都设有渠长，来操办渠道事务，渠长是由村民共同选举，官府并不会干涉渠长的选举。官办水利的民间化趋势已经非常明显，水利兴建及水利管理渠长是主要负责人，政府也仅是起到督导和处理水利纠纷的作用。

渠长主要的任务是操办与河渠有关的事宜，下设有水甲（沟头）若干名来协助渠长的工作。渠长需要规划好相关的水利活动，筹备相应的物资，与水甲、村民等相关人员商议渠道事务，提前详细安排河道相关工程。同时，开渠、筑堤、修缮等一切修建水利工程所需的花销，皆由各渠长自行组织筹集，村民按数均摊。

渠长除了管理水利灌溉的事务之外，还负责筹集资金。由于官府对于地方水利建设并不起主导作用，渠长便担起了水利建设的重任。水利建设过程前的准备工作开渠、截流、筑坝；建设过程中水利防洪、除涝、灌溉功能；建成后的续建、改建、加固、修复等工程建设项目所用的经费，都是渠长自行组织筹款，用水户均摊。各个水渠所需要的工程资源以及花费资金，募捐用款要百姓均摊，灌溉工程活动所需的劳动力都要各村负责。这是按照投资获利所需而规定的，是从农业生产活动的基本需求出发的。按照农田灌溉范围来讲，受益越大，承担的责任也就越大，投资增加，所服劳役也随之增加，反之则小。

（二）用水规约

要保证水利机构正常运行，必须有一定的水利组织秩序，用水制度的规则就随之产生。分水总则应是按农民所有田地的多少，定灌溉日期轮流灌溉。但是由于土地湿度不同、地势不同等因素致使分水规则还是按照乡约民俗，作为惯例来遵守。“五台，晋僻邑也，滹沱为带，环绕西南，奔涌浩瀚，地高而水下，殊无补于灌溉”[①]，北有泉岩河，细流不及沱十分之一，但却是五台县灌溉水源的主要来源之一，开发历史悠久，逐渐形成了一套约定俗成的用水规约，明天启七年（公元1627年）立的《均平水道记》：“邑侯李公自陕右来守是邑，胸中泾渭分明，有澄清虑瘠之志。量地之多寡，分水之日期，自上而下，周而复始，仍遣牌以巡守防河，上之无垣，刻印以封提，禁晨错之盗，决弹压豪横之心，杜塞后来之口。郭家塞地三顷，水一日；大兴地八顷，水二日半；槐荫地十七顷，水三日半；东冶等村地三十二顷，水六日”。清光绪年间，泉岩河渠溉县南十一村田，溉郭家寨、南北大溪村、槐荫村、小营屯、东冶镇、五级村、永安村、永新村、新村、石村、前后堡地六十顷各设支渠水程十三日一周[②]。从上面资料中可知小营河灌区的用水规约在270多年间未发生变化，而这期间当地的水环境和农业用地、人口数量等都发生了很大的变化，纷争难以避免，但能维持百年不变，可见石碑中的用水规约在规范用水秩序中的作用较大。另据清光绪二十五年（公元1899年）《按期用水浇地通知碑》[③]记载，“小营河引渠灌田，西南乡一带恃此水利者，已千百余年矣。自郭家寨以下至永安、永兴等五村，以定日期十三日一周。周而复始，意美法良，虽向有争端，而旋起旋灭”。

从明代刻石分水之后一直到光绪年间，纠纷不断增多，清光绪二十一年《槐荫村渠路水利始末源流记》[④]尽管残缺不全，但仍能看出其中的突出的用水纠纷矛盾。光绪二十五年，小营河渠再起纷争，在遵守原来的用水旧制，又对使用小水、尾水等订立新的用水规约，《按期用水浇地通知碑》对此有详细的规定：“爰为明定章程，限其接水退水之地，均其小水、尾水之分。郭家寨起堰后，堰下漏水归北大溪村使用。第二日寅时，北大溪村于郭家寨堰下接水。北大溪村分水之首日寅时起，至次日午时前止，堰下漏水，归槐荫村

---

① 山西省忻州市政协文史资料委员会．忻州文史·古碑文录之四（第15辑）[Z].2009：928.

② 光绪《山西通志》卷六十九《水利略四》.

③ 山西省忻州市政协文史资料委员会．忻州文史·古碑文录之四（第15辑）[Z].2009：944.

④ 山西省忻州市政协文史资料委员会．忻州文史·古碑文录之四（第15辑）[Z].2009：928.933.

使用。次日午时起至末日午时前止，堰下漏水，归南大溪村使用。第四日午时，北大溪村在本村堰上退水。南大溪村于是日午时，在北大溪村堰下接水。第五日寅时前，仍在北大溪村堰下退水。小营屯于是日寅时，在南大溪村堰下接水，午时前在南大溪堰下退水。槐荫村于是日午在南大溪村堰下接水。槐荫村分水之首日午时至次日午时前止，堰下漏水，归下五村使用。仍在槐荫村堰下退水。下五村于是日寅时在槐荫村堰下退水。按照分定日期，时刻不差，接水退水，均撒草节为记。下五村退水以后，草节既过之时渠内所留余水，在某村界内即归某村使用，以羡补不足，别村不得混争。各村大堰之下，亦永远不准另起小堰”，并晓谕沿河各村，恪守章程，不准擅自更易。从上面的碑刻资料可知，当接连不断发生水利纠纷时，乡约民俗难以维护原有的秩序，官府参与解决纠纷，重新整理旧规，或重新定制新规，为了增加规则的强制性，将新规刻于石碑之上，形成新的用水规约。

（二）水利纠纷与地方社会秩序

明清时期，社会经济发展，商业也随之兴起，朝廷防止人民舍本逐末，重农政策前所未有的重视，但是国家并没有对于水利方面有明确的规定，地方政府只能按照当地用水习惯执行，这种缺陷就导致很多地方的水利纠纷事件频发。水资源丰富的地区，地方政府会有较好的解决方案，但是五台县这种水资源匮乏的地区，出现水利纠纷，解决起来就显得十分困难。

1、小营河水案

在五台县各个水案中，关于小营河的水案是最具有代表性的。小营河发源于根芽山麓，有大小泉眼数百，但并没有汇成河渠，当地的居民就地而耕，种稻米生长特别茂盛，可仍不及建安东西两潭的一半，河水向南而流至郭家寨，才汇聚成河，分日灌溉[①]，小营河引水灌田已有上千年的历史，明代主要灌溉泉岩村、郭家寨、南北大溪村、东冶镇、槐荫村，至清光绪年间泉岩河渠灌溉郭家寨、南北大溪村、槐荫村、小营屯、东冶镇、五级村、永安村、永新村、

---

① ［清］吴其均．光绪五台新志［Z］．江苏：凤凰出版社，2005：79.

新村、石村、前后堡地六十顷各设支渠水程十三日一周。由于小营河是该地区灌溉用水的主要来源，随着环境的恶化，人口的增加，当地村庄之间、民众之间纠纷较多。明万历年间，小营河渠道为上游豪右所占，凿沙滩为水田，数日频灌。而膺朝廷重税者，坐视干燥，间有一溉则借姻亲也；不则携鸡酒而啖忘命豪雄也。万历三十三年，五台县令李承祖依据土地的多寡确定分水之日期，自上而下：“郭家寨地三顷，水一日；大溪村地八顷，水二日半；槐阴村地十七顷、水三日半；东冶以东各村地三十二顷，水六日；计地六十顷，十三日而一周。”把用水规则记录于石碑之上，如此才平息争端。清代嘉庆年间各村经常因分水时日互争上控；同治年间又起争端，名张水泰旧案；道光年间又因用水发生纠纷，乡人私立下五村白村寺碑；光绪九年，又发生王长林等夺水之案；光绪二十五年，争端又起：“近年，东冶、五级两村，与十五村于接水退水之地，私行紊乱旧章。而愚民惟利是趋，不顾大害。遂于正水之外，更兴小水、尾水之说，竞相争夺缠讼。经六年之久，控县控州。踏勘讯断，故逞刁健，抗延不结”。①

对于小营河水利纠纷的解决，明代李承祖在五台县任职时，对小营河灌溉用水制定了分水日期。清朝时期仍按旧制，而稍有变动。筑坝之后，各村按日分水，限制到时刻，使得河水皆入民田，田最多并且地质肥力较大的为东冶、五级村，西畔地处上游，得水较易，可种蔬菜瓜果，收获颇丰；东畔在下游，得水较难，较西畔而言收获农作物并不多。在清代县志中记载，槐荫村水地向来与南大溪小营屯接壤，应当给予按日分水，但在崇祯年间石碑印刻并没有提及该如何分水，到了嘉庆时期，各村为分水日期时刻不公而发生争执。嘉庆二十年，经太原守叶公奉委番结断：“令南大溪村与小营屯仍照旧章使水一昼夜，南大溪午正自上游接水灌溉，至次日黎明，小营屯接水灌溉至午正退归槐荫村接灌二日半，合之共三日半，至今遵行各村轮灌仍

① 资料来源于《均平水道记》《槐荫村渠路水利始末源流记》《按期用水浇地通知碑》三通碑记。

十三日而一周”[①]然而南大溪与小营屯并不是一村，只是出于旧志，当地人都客居在外并没有乡人，为之采访皆凭记忆或传闻并没有可靠的依据，但是这里的水利纷争甚多，必须给予重视而为之详细作著。光绪二十五年，小营河又发生水利纠纷，东冶村、五级村是各村庄接水退水的地方，当地豪民惟利是趋，不守法度，违反用水秩序，造成村民之间水利纠纷不断发生，竞相争水，诉讼于地方官府，有六年之久[②]。地方政府经过审理之后做出了详细的判决结果：每村用水时间在午夜为止，交接水的时间定在第二日的凌晨。郭家寨开始使用水，第二天凌晨北大溪村接郭家寨开始用水。各村按照地方官府所定的分水日期用水接水，时刻不能出差，最后用水的村庄是下五村，下五村用水过后若水渠内还有剩余之水，在某村界内归某村使用，别村不得强取豪夺。经过官府对地方详细考察、仔细审理，确定各村使用水的日期后，才解决了长达六年之久的水利纠纷，但这种解决方案是在遵守旧规的基础上进行的，并未着眼于新环境，因此隐患较多。

2、水利纠纷发生的原因

小营河水利纠纷的发生追其根本就是在农业社会中，水资源是不可或缺的重要一环，并且水资源的匮乏导致用水紧张，人水矛盾加剧。究其水利纠纷产生的原因，主要有自然和社会两方面原因。

五台县本身属于温带大陆性气候，降水量年际变化大，夏季风的湿润空气由于太行山的阻挡，难以深入，而且用水河流的流量补给大多数靠降水，这使得五台县水资源匮乏的情况更加突出。河流流经之地土壤肥沃，水源充足，但因为气候和地形的影响，河流径流量较小，导致五台县水资源不足，无法满足地方生活、生产用水，再加上五台县人口数量增加，大量的农业用水和生活用水，加剧了水资源缺乏的局面。村民利用自然之便，引用河水、泉水来灌溉，这就使得靠近水源或者在河流上游的村庄占据有利的地理位置，用

---

① ［清］曾国荃 . 山西通志［Z］. 上海：上海古籍出版社，1982：78.

② 山西省忻州市政协文史资料委员会 . 忻州文史 · 古碑文录之四（第 15 辑）［Z］.2009：944.

水时间与用水量的不合理，再加上河流的变动、泉水的水量减少等导致的原有用水环境的变化，如五级村东南原来是旱田，但后来却高岸成窒，可以灌溉，这样就会导致用水村庄和民众之间容易产生用水矛盾。

小农经济人民自给自足，衣食住行都离不开水。民以食为天，农业生产量大，需水量自然也会随之增加。当农业生产用水量不足时，农作物收益下降，生活就会拮据不堪，所以农民对于人为导致的生产生活用水不足这一问题，定会维护自身的利益，从而产生矛盾发生纠纷。从清代五台县小营河多次水利纠纷可以看出，灌溉区的上游人们依靠地理位置的优越性，兴建水坝引水灌溉，对于自己的农田灌溉形成便利之势，用水量增加，使得下游河流流量大幅度下降，甚至是断流，导致下游地区农民灌溉用水不足，生产生活都成问题，由此上诉至官府，地方政府出面，经过调查为各村重新分配水权，并规定水权不可侵扰。

3、纠纷解决措施与地方社会秩序

清代民间纠纷的解决方式分为官方的民事审判和民间的私人调解，而民间的私人调解是清代民间纠纷解决的主要形式，水利纠纷同样也是以民间私人调解为主，对于一般的水利纠纷，地方政府也会选择调解的方式来解决问题。

清代水利纠纷调解主要依靠乡约民俗，国家的成文立法并没有详细规定水利纠纷的解决方法，所以在地方官员解决水利纠纷问题多以地方的用水规则为主，也就是依靠当地惯有的用水习惯来判决。乡约民俗的具体表现形式即为渠册、水册等，皆为民间为主体而自发订立的，对于河水引水灌溉权利与义务都有着相应的规定。

地方政府对于水利纠纷的执行有两种方式，一种是通过官员的调解，起到缓解村民之间矛盾的作用，但仍然保持原有的水权关系；另一种是通过纠纷调查，借鉴原来的水权关系，按照实际情况制定新的用水制度。前者地方政府执行起来比较简单方便，但是回归到原来的状态可能会引起更多的纠纷。后者执行起来相对于前者而言比较困难，因为民间水权制度的稳定性较强，所以地方政府对于用水制度的重建会采取神圣化的形式，一般情况就是将新的用水制度刻于石碑上，放置于水坝、堰堤等村民用水时可以看到的地方。这样通过立碑来增强判决的权威性，同时使当地居民容易接受这样的判决结果[①]。

综上所述，从清代至今，水利建设与地方社会关系一直是人民关注的问题，五台县的区域环境影响到水利建设的情况。清代水利建设由地方自行组织，但发生水利纠纷时地方政府出面解决纠纷。现如今，党和国家倡导生态文明建设，各地区积极响应，像五台县这样水资源匮乏的地区，水利建设也显得十分重要。水利建设与地方社会的关系，在一定时期内仍然是当地政府处理人与环境矛盾的重要一环。

① 贾翔．清代水权纠纷及其解决途径的研究［D］．郑州：河南大学，2013.

第三章　清代五台山地区的水利纠纷及其治理

第一节　水利纠纷概述

美国学者卡尔·A·魏特夫在他1957年出版的《东方专制主义——对于集权力量的比较研究》[①]一书中最早提出了“水利社会”一词，他认为东西方社会是两个完全不同的社会形态，东方社会的形成和发展与治水密不可分。魏特夫的这一理论影响了西方包括日本汉学界多半个世纪，至今余音环绕。20世纪50年代，日本中国水利史研究会的森田明就提出以“水利社会”的概念来研究中国华北、华南区域社会的水利管理与社会运行状况，其成果主要集中在《清代水利社会史研究》[②]等著作中。二十世纪五六十年代人类学家弗里德曼的《中国东南的宗族组织》[③]开始关注“村落—家族”，从侧面论及水利与区域社会的合作。之后，出现了一系列研究中国水利社会、水利组织的论著和论文。论著如黄宗智在《华北的小农经济与社会变迁》[④]、美国学者杜赞奇的《文化、权力与国家——1900～1942年的华北农村》、郑振满、丁荷生编撰的《福建宗教碑铭汇编：兴化府分册》、中法联合出版的《山陕

① ［美］卡尔·A·魏特夫．东方专制主义—对于集权力量的比较研究［M］，徐式谷等译．北京：中国社会科学出版社，1989.

② ［日］森田明着．清代水利社会史研究［M］，郑梁生译，台北：国立编译馆，1996.

③ ［英］弗里德曼．中国东南的宗族组织［M］，刘晓春译．上海：上海人民出版社，2000.

④ ［美］黄宗智．华北的小农经济与社会变迁［M］，上海：中华书局年版，1986.

地区水资源与民间社会调查资料集》等；论文如英国学者沈艾娣的《道德、权力与晋水水利系统》① 等。其中尤以《山陕地区水资源与民间社会调查资料集》贡献最大，它是基于对陕西关中东部和山西西南部的灌溉农业区和旱作农业区的田野考察上研究出的成果，是目前这一研究领域的佳作。

国外关于水利社会的研究成果对国内学者的研究产生了很大的影响，就山西而言，相关研究主要以山西大学中国社会史研究中心的研究成果是最具代表性，他们主要从区域社会史的角度出发，采用大量的田野调查资料，对山西水利社会进行了相关的研究，但就研究区域而言主要集中在山西中南部，提及晋北的较少，如行龙的《明清以来山西水资源匮乏及水案初步研究》《晋水流域36村水利祭祀系统个案研究》等，张俊锋的《水权与地方社会——以明清以来山西省文水县甘泉渠水案为例》《明清以来晋水流域之水案与乡村社会》《明清以来洪洞水案与乡村社会》等系列文章。胡英泽的《水井与北方乡村社会——基于山西、陕西、河南省部分地区乡村水井的田野考察》《从水井碑刻看近代山西乡村社会——以晋南地区为个案》等等。笔者认为关于晋北的研究之所以少，有下面几方面原因造成：一是晋北地区十年九旱，地表径流量少，水资源贫乏，已成为很多人的共识；二是历史时期晋北的农田水利设施较少，尽管有滹沱河、桑干河等大河，但开发程度较小，基本没有形成稳定的水利共同体，在当地社会中产生的影响较小；三是水利规约、水册等相关的水利资料留存较少；等等。近代以来虽然晋北独创了山西水利公司的先河，也有一些学者对此有研究②，但由于社会动荡，天灾人祸不断，很多水利公司因后续资金不到位、封建军阀的压榨等原因，最终走向衰败。但不可否认的是，晋北地区的民众修建堰渠灌溉农田，古已有之，尤其是在晋

① ［英］沈艾娣，陈永升．道德、权力与晋水水利系统［J］．历史人类学学刊，2003（1）：153-154.

② 张荷．近代山西水利股份公司述要［J］．山西水利史志专辑，1986（1）；张宇辉．近代雁北水利股份有限公司述要［J］．海河水利，2001（6）；高建民．近代晋北水利企业探析［J］．山西水利，2005（3）等。

北水环境较好的忻定盆地，因此研究该地区的非常态下的水利纠纷，可以更深层次认识该地区水与社会的互动。

自明清以来，山西省的人数急剧增长，农业生态环境日趋恶化，人类与环境、资源间的关系更是空前紧张。在这样的情况下，处于黄土高原的山西经常发生水资源的争夺事件，围绕山西境内的主要河流如汾河、阳武河、滹沱河、桑干河等河流流域都发生过水利纠纷，其中不乏规模庞大、影响巨大的纠纷。本章主要以繁峙县与代州[①]发生的峨河渠水案、定襄县的广济渠案和通利渠案，崞县阳武河流域的水案等为研究对象，探究水利纠纷发生的原因以及解决途径，深刻理解水利纠纷与地方社会的关系。

第二节　繁峙县与代州的水利纠纷——峨河渠水案

一、峨河渠水案概要

峨河，滹沱河的一级支流，发源于山西省繁峙县岩头乡东沟村北台顶山脚一带，自东向西流动，在宽滩村、高儿坡村与另外两条支流汇合后，由岩头向西北方向流动，到代州峨口镇后汇入滹沱河，全长约60公里。峨河渠位于繁峙县西南二十里，流经岩头等村九十余里流出峨口，清代不同时期史料对该渠灌溉的村庄记载不一，但都分别属于繁峙县和代州，道光《繁峙县志·水利》曰“旧志峨河渠溉峨口村、佛光庄、上下木角村、高陵村、南南留属地”，据道光二十六年的《水例碑志》记载，该渠“泽及八村，州四村，县四村。州四村：峨口、南留村、付村、下社村；县四村：佛光庄、沟子村、木角、高琰村。”[②]，光绪《山西通志·水利略四》“峨河渠溉县西七村田，峨河出

① 代州在明代包括五台、繁峙、崞县。而本文所涉及到的代州是指代州州治所在地，即今天的山西代县。

② 《水例碑志》，此碑刻于道光二十六年（1846年），今存代县木角村洪济寺内。

县西南二十里代州之峨河口开渠与代州，分水溉县属之佛光庄、上下高陵、上下木角与盛沙村地亩水程，自南而北依次灌溉”。繁峙县位于峨河渠的东岸，代州位于峨河渠的西岸，代州主要用水村庄位于峨河渠的下游，繁峙县的主要用水村庄位于峨河渠的上游，按照古约，立夏日按时日分水程，自上而下以次灌溉。固定的村庄位置和已有的用水规约致使两地经常因为峨河渠的用水分配发生纠纷。早在唐朝长安年间（701 ～ 704 年）在朝为仆射的代州人茹汝升就曾帮助代州治理东、西峨峪水利。当时东峨峪即今天峨口河流域常因浇地而起争端，茹汝升帮助当地民众制定了使水办法，使各村用水有章可循，解决了两岸（亦即繁代两县）的引水纠纷；同时他还治理了西峨峪即今代县峪口河的洪水泛滥，“汝升理泉脉穿渠溉田，里人安业”，当地民众为感恩其公德，在峨口建庙祀之即峨口奶奶庙院内的相公庙。尽管古人已有用水规则，但由于利益分配不均，后来这一区域还因水利经常发生矛盾，明清两朝的繁峙县志均有记载，其中记载比较详细的是明代的水案，二处互争水利，叠讼不休，万历间始均分之，立石于村口。①

明代繁峙县与代州的峨河渠水利纠纷在未上诉官府之前，就两地的水权获取方式而言有天壤之别。繁峙县的民众认为峨河渠的源头峨河发源于繁峙县，繁峙县就应该从中获得相对较多的利益，在当时的社会普遍存在绝对拥有水权的观念，除河流发源地之外的任何地方用水都要有一定的付出。此外，在疏浚渠道方面也类似于此，峨河渠每年春季清淤，代州要比繁峙县的工程量大得多。官府对这些在水利方面的不公平条款视若无睹，认为这本就是人情之事，就按照他们自己的方式去处理。繁峙县与代州两方长期以来水权占有的不平等是峨河渠水利纠纷爆发的重要原因，乡规民约无法维持用水民众的利益均衡，民间调解也无法平息两地的纠纷，不得不上诉官府。

由于气候干旱，代州水资源缺乏，农业用水需求得不到满足，两地一直以来使用的用水规则对代州居民实在没有利益可言。代州人想到长期以来他

---

① ［清］吴其均 . 道光繁峙县志［Z］. 江苏：凤凰出版社，2005：34.

们在峨河渠诸多方面所付出的远比繁峙县多，获得的利益却远远不如繁峙县，如此不公平的待遇使代州人萌生了独占峨河渠的念头，但代州位于峨河渠的下游，地理位置不如繁峙县优越，导致用水方面也不如上游的繁峙县方便，繁峙县用水量大直接造成代州用水量减少甚至无水可用。现实条件使代州无法实现独占峨河渠的愿望。峨河渠的渠长由繁峙县人世代担任，代州曾派当地乡绅出面试图协调两方用水利益，协商无果后多次发生械斗，但都无法解决当地的用水纠纷。

在民间协调无果后，代州对布政司提出上诉，要求独自拥有峨河渠的使用权，据道光《繁峙县志》记载“布政司臧判曰水源出自繁峙末流始经代州岂末流独专其利而发源无涓滴之沾乎”[①]判决的结果是代州和繁峙县双方都无法独占峨河渠的利益，维持过去的用水规则。布政司的判决没有明确提出代州和繁峙县两地应该具体执行怎样的用水规则，这就导致了两地的水利纠纷依然存在。

维持过去不公平的用水规则，繁峙县的利益得到满足，代州人自然不会满意。嘉靖二十年，繁峙县与代州又打起官司，权监司的李姓官员判决：水利出自繁峙，经由代郡，遇到旱年应当两地均分水利。到了万历十五年遵循道府公分水利的用水原则立石碑让后世遵守峨河渠的用水规则，其具体内容为：“按代州有峨河渠，又有滹沱河渠，俱始立夏日按时日分水程自上而下以次引灌，渠头司之，二水胥经繁峙诸村，但势处上游不易储蓄，至代州境势渐平坦使能设立渠道，故代州民食”[②]，至此，峨河渠水利纠纷才在一定程度上得到解决。但由于峨河属于繁峙、代县的界河，除了用水环境的变化，两县的管理等也存在差异，因此沿河两岸村庄的用水矛盾一直存在，时大时小，直到 1955 年为了统一管理使用峨河水，这一地区的行政区划有所调整，将原来属于木角、佛光庄、高陵等村从繁峙县划出，划归代县。这在一定程度上

---

① ［清］吴其均 . 道光繁峙县志［Z］. 江苏：凤凰出版社，2005：35-36.

② ［清］吴其均 . 道光繁峙县志［Z］. 江苏：凤凰出版社，2005：36.

大大减少了峨河渠由于跨界导致的政策不一的冲突。

二、峨河渠水案发生的原因

峨河渠水利纠纷发生的根本原因是水资源对农田灌溉的重要性和水资源的紧缺性。峨河渠是繁峙县与代州共同拥有的一条灌溉渠道，对两地农业灌溉均有其重要性，下面主要从繁峙县与代州的自然环境、社会因素的两个角度分析引发峨河渠水利纠纷的原因。

（一）干旱的气候及水文特征导致了水源不足

山西省属于温带季风气候，降水分配不均，年际变化大，河流季节性比较强，水资源季节分配的不均衡使水资源的紧缺性更加突出。除此之外，受太行山阻挡，山西受海洋水汽的影响较小，所以直接导致山西省降水量低于同纬度其他地区。《山西通志·地理志》中记载：全国的年降水量平均为929毫米，山西省平均年降水量大概为518毫米，仅比青海、宁夏、甘肃、内蒙古与新疆多。此外，山西省降水非常不均匀，其特点：降水量从东南向西北逐渐减少[①]。忻定盆地年降水量大致为450毫米，大同、繁峙等地区的年降水量小于400毫米[②]。新中国成立前，繁峙县有水井300多眼，除城关南门外和其他平川个别大村菜园用于浇灌菜地外，绝大多数为人畜吃水井[③]。河流流域由于水源充足、土壤肥沃的先天优势，农业相对发达，但受地形与气候影响，河流流量较小，可能无法满足农业和生活用水，因此这些地区容易发生用水纠纷。由引用河水、湖水、泉水而发生的水利纠纷几乎遍布全省，据统计，明清以来至新中国成立前，山西省发生的大大小小的水利纠纷其数量达上百起[④]。

---

① 山西省史志研究院．山西通志·气象志［Z］．北京：中华书局．1999：152.

② 山西省史志研究院．山西通志·气象志［Z］．北京：中华书局．1999：46.

③ 繁峙县地方志编纂委员会编．繁峙县志［Z］．北京：今日中国出版社，1995：105.

④ 行龙．明清以来山西水资源匮乏及水案初步探究［J］．科学技术与辩证法．2000（6）：32.

由于山西省的年降水量比较少，而且时空分布也很不均匀，导致山西省的气象灾害也比较频繁。就峨河渠水案发生的主要时段明代而言，山西省发生的众多自然灾害中，旱灾是发生最多的，据史料记载，在万历十五年（1587年）全县大旱。这样的现实情况必然导致这一时期水利纠纷频繁。从薛敏的《明清山西乡绅的动态考察》[①]一文中可以得知：1368-1644 年（276 年）间共发生旱灾 174 次，曾有“三年两旱”“十年九灾”的说法。根据白燕斌《明代晋北地区的自然灾害与社会应对研究》[②]的研究（表 3.1）可知，明代（1428-1631 年间）是繁峙县与代州旱灾频繁发生的一个时期，由于气候干旱水资源补给不足，尤其是代州更是旱灾频发，因而代州居民对水资源的需求量更大，致使民众争水意识更强。若是恰逢两地同时发生旱灾，就更容易激化矛盾，最终导致水利纠纷的爆发。

表3.1　繁峙县与代州旱灾发生的时间表

时间	地点
宣德三年六月（1428年）	代州、繁峙
成化九年（1473年）	代州、繁峙
成化二十年八月（1484年）	代州
嘉靖六年春季（1527年）	代州
嘉靖七年（1528年）	代州
嘉靖八年（1529年）	代州
嘉靖九年春季（1530年）	代州
嘉靖四十年（1561年）	代州
万历四年（1576年）	代州
万历九年（1581年）	代州
万历十五年（1587年）	繁峙
天启七年五月（1627年）	繁峙
崇祯四年（1631年）	代州

① 薛敏．明清山西乡绅的动态考察［D］．青海：青海师范大学，2014.

② 白燕斌．明代晋北地区的自然灾害与社会应对研究［D］．西安：陕西师范大学，2011.

（二）战乱导致生态环境恶化

元朝蒙古军不断侵扰晋北地区，经过不到二十年的殊死搏斗，农民起义军才把蒙古军赶出了中原地区。洪武元年，朱元璋在南京称帝，中原地区获得了短暂的稳定，但是朱元璋死后发生的“靖难之役”又把中原地区卷入了战争，四年的战乱造成了河南、河北、江苏、安徽等地大量的人口死亡。而此时晋北地区由于明太祖朱元璋在位时鼓励开荒等一系列政策使经济得到较好发展。明英宗即位之后，晋北地区发生严重的旱灾，再加上政治的腐败给蒙古各部带来了侵扰的大好时机，蒙古各部加剧了对晋北一带的侵扰。后来瓦剌部衰落，鞑靼部壮大，并对明边境发动进攻，晋北地区的北部再次遭到了严重的破坏。景泰元年（1450年）鞑靼部五六万兵队攻围代州。嘉靖年间，蒙古势力达到鼎盛，对晋北地区的侵扰活动有增无减。直到隆庆四年（1570年）“俺答封贡”才彻底结束蒙古部落对晋北地区的侵扰。

战乱给整个晋北地区带来了极大的破坏，农业生态环境遭到破坏。战乱期间由于驻军要修建军事设施和营房，大量的木材遭到砍伐，而且为了阻止敌军南下，边军甚至放火把树木和野草毁灭。森林具有保持水土、防风固沙的功能，在促进农业发展中有巨大的作用，森林破坏可直接导致土地退化、沙漠化，甚至还会导致干旱与洪涝灾害，使人类生存环境恶化。代州、繁峙县旱灾频频发生，以致水资源日益匮乏而引发水利纠纷，与战乱造成生态环境的恶化有极大的关系。清代以来，尽管社会安定，但是随着水环境的恶化，人口的激增，明代繁峙、代州围绕峨河渠的用水规约不断受到挑战，水利纠纷时有发生，直到新中国成立后，把峨河渠原属繁峙县的行政区村划归代县，才逐步平息了纷争。

（三）繁峙县与代州双方利益的冲突

趋利避害是人的本性，每个人都有自己的利益追求，这种现象放大到两个地区也是如此。在当时的农业社会，人们以耕地为主，在农业生活中水资源越是缺少，对于水的相对需求越大，争水意识也就越强。当时在旱灾频发的自然条件下，农业用水量大，再加上有些耕地的灌溉难度大，需要更多的水资源，人们就经常会为争夺水资源产生矛盾。水是农业生产的命脉，没有水源灌溉土地就不会有好收成，这自然就危害到了人的利益。为了维护自身的利益，繁峙县和代州必然要为争夺水权产生纠纷。但是水资源作为一种公共物品，产权界定有很大困难，峨河渠同时流经繁峙县和代州的多个村落，它的归属问题一直没有确定，双方都认为峨河渠的产权应该属于自己。繁峙县的民众认为峨河渠其源头峨河发源于繁峙县，繁峙县应该拥有峨河渠的主权。再次由于水资源本身是液态的，无法像其他物品一样分割，这也导致了两地长期以来围绕水权问题产生纠纷。而且由于自然气候恶劣如气候干旱，以及河源与河流分数不同的行政区域的原因也导致了两地的纠纷不断。

明清时期繁峙县与代州关于峨河渠水利纠纷的发生原因并不是唯一的，而是多种因素一起作用的结果。自明清以来，发生在山西的水利纠纷不光此一例，围绕不同的河流流域，大大小小的水利纠纷达数百起，这已成为当时社会发展的一个趋势，毫无疑问是一个亟待解决的社会问题。

三、峨河渠水利纠纷解决途径

在解决水利纠纷的过程中，官府和民间的互动关系是一个历久不衰的研究话题。无论水利纠纷爆发的外部原因有多少种，其主要原因都是用水主体为了维护甚至扩大自己的利益而引发纠纷。水利纠纷的解决可以依照乡规民约、渠长，乡绅、精英等地方力量来解决，当这支民间力量没有起到其该起的作用或者是无力解决时，这时便需要借助官方力量由官府出面解决。

（一）乡规民约是解决水利纠纷的主要依据

乡规民约是解决水利纠纷的主要依据。乡规民约是村民们共同协商制定的都要遵守的规则。乡规民约主要包括用水的规则、违反规则的处罚。繁峙县与代州过去也有他们的乡规民约，虽然利益不均等，但两地依旧相安无事。但由于自然原因和社会原因，过去的用水规则对代州无利益可言，于是代州想要打破这种规则重新划分利益，由于无法调和的利益使双方发生多次纠纷。其实繁峙县与代州的水利纠纷并非不可调和，水利作为乡村社会一个重要的公共物品，并不能说峨河的源头出自繁峙县，繁峙县就要有绝对的拥有权，繁峙县与代州双方完全可以共同开发、共同维护、共同使用峨河渠的水力资源。新中国成立前的渠道多数由收益户主兴修，自行管理。非一家一户者亦由收益户主自发成立组织，推选首领，制定管理公约，定时维修。秋后摊派水钱或水谷。民国年间，姚家庄渠由受益户公推办事公正、干练，有一定威信的5个人，组成管道委员会，并订有组织条例、管理章程。多数渠道设有渠头，平时维修渠道，浇地时巡渠、分水。①

（二）民间调解是解决水利纠纷的基本途径

水利纠纷有一个重要的民间解决方式是通过非和平的武力冲突，即械斗。

由于峨河渠在管理上并没有形成专门的管理组织，双方在用水制度上并不平等，为了维护本地利益，即使是在平常年份都无法保证公平行事。再加上峨河渠的渠长由繁峙县当地人担任，执行时，难免导致利益趋向明显，为了争水抢水，斗殴事件时有发生。时逢繁峙县与代州发生旱灾，两地灌溉都需要大量用水，两地争水矛盾更加激化。起初是代州和繁峙县的村与村之间，后来发展到繁峙县与代州之间的大斗，彼此各不相让，有时大打出手，造成流血事件，这给繁峙县和代州造成难以化解的恩怨。当地的执政者，不愿插手这样的事件，任凭事态发展。

械斗随着其中一方的低头退让才使水利纠纷得以终结，因此械斗是水利纠纷解决的一个重要方式，同时械斗也使人民生命财产遭受损失，只有在矛盾实在无法解决的情况下才会运用这一手段。但这种械斗解决的水利纠纷往往只是暂时的，并不能一劳永逸的解决水利纠纷。

水利纠纷要想彻底解决，还是要依靠和平的调解方式。民间调解是解决水利纠纷的基本途径。调解是指第三方以公平正义的态度介入纠纷，对当事

---

① 繁峙县地方志编纂委员会编。繁峙县志［Z］. 北京：今日中国出版社，1995：107.

人进行劝解以化解矛盾，解决纠纷，最终达到维护社会稳定的目的。从众多的水利纠纷的案例不难发现，民间调解是水利纠纷的基本解决途径。

1、渠长、水老进行调解

受中国传统文化影响，当时人们产生纠纷时的首要选择是协商解决，不到万不得已的地步不会对簿公堂。在当时，双方产生用水矛盾时，利益受到损害的一方最先的做法是找另一方理论来达到平衡双方利益的目的，但往往理论的结果就是引发水利纠纷。水利纠纷发生之后，人们首先想到是由双方当事人向渠长、水老陈述纠纷原委，然后渠长、水老以水册、水规作为依据进行调解，达成协议，或者也可以向当时的地方精英人士申诉，让他们依照水权习惯、乡规民约以及天理人情等对水利纠纷进行调解，最终使双方达成协议。达成协议后还要由渠长和水老来监督双方执行协议条款。这种用调解的方式解决纠纷从明代开始就得到国家的认可。由于州郡的老百姓经常因小事越级上诉到京城，等到审案时发现很多案件都不属实，于是洪武二十七年（1394 年），朱元璋下令严禁越级上诉，命令民间公正年老的人来解决这些小诉，涉及重大案件才可上诉官府。

在民间调解过程中，主要依据是过去的用水习惯，发挥调解作用的主要是渠长。渠长是专门管理当地水利的人，他们有管理、维护水利设施日常运行、调解乡民之间水利纠纷的职责，由于峨河渠的源头出自繁峙县，所以渠长也多由繁峙县当地人担任，而且据资料显示，明清时期的渠长是世袭的，光绪末年才开始采用推选。由于水资源短缺，渠长倚仗控制水源的优势，即使是在平时都很难保证能够依规行事，到了干旱缺雨的季节，依规行事更加不可能，代州和繁峙县双方都想要从峨河渠获得最大的利益，代州频发旱灾，水资源更加紧缺，依据过去的不成文规定，代州的利益得不到满足，因此想要维护过去的用水规则，代州的民众是无论如何也不会答应的。

2、乡村精英进行调解

乡村精英介入纠纷是解决水利纠纷的一个重要方式。在利益双方协调解决纠纷之后，与在诉诸官府之前，总会经过乡绅或族长的调解，如果还是调解不成，才去见官。他们在介于官府的诉讼与民间的调解之间有着自身独特的作用。

乡村精英包括有功名的绅士和大氏族的家长，这些人在当地有一定的声望并借助这样的声望在解决水利纠纷中起到缓冲作用。在明代繁峙县与代州的水利纠纷中，乡绅在其中发挥了相当大的作用，一方面乡绅被官府委任去协调代州与繁峙县争水双方的利益关系，另一方面，乡绅又在广泛地动用自己的社会力量以及社会资源去解决纠纷。

乡村社会的乡绅享有许多特权但必须承担社会责任，维护地方利益。如在峨河渠的水利纠纷中，虽然代州的人们为了维护本地的利益、争取合理的用水规则不惜耗费巨大的财力物力打官司，但是，在纠纷禀告官府之前，还是希望由乡绅出面进行调解，调解一旦成功的话就可以避免走司法程序，这样一来，既可以节约大量的物力财力，又可以解决两地的纠纷。因此，乡村精英在水利纠纷解决的过程中扮演着很重要的角色。

（三）依靠官府的力量仲裁解决

发生水利纠纷时，官府一般很少介入，只有双方诉诸官府或发生重大命案时，官府才会以仲裁者的身份参与。在当时的自然条件下，繁峙县与代州两地经常发生争水事件，官府都习以为常，任由纠纷双方自行解决，除非纠纷方上诉官府请求官府决断。

繁峙县与代州的水利纠纷涉及两个行政区域，相对于当时那些发生在一个村子内部的水利纠纷而言，这属于一个比较重大的纠纷。在山西农村地区，尽管有管理机构，但是关于水权的使用和管理完全是民间的自发行为，如果不是利益双方诉诸官府，官府一般不加干涉，或者说是不愿干涉。在当时的自然条件下，水资源显得尤其重要，因此即使劳民伤财，代州人民也一定要上诉官府，要求得到公平的判决，平衡与繁峙县的利益。因此繁峙县和代州的水利纠纷先后有了布政司、权监司、道府的判夺。

在明代繁峙县与代州的水利纠纷中，民间的力量与官府的判决是共同存在的，官府在水利纠纷的断案过程中一方面遵循旧例的指导，另一方面则是考虑争水双方如何妥协让步，在此案件中双方都没有让步意愿，最终就由官府定夺。

在解决水利纠纷的过程中，地方政府以仲裁者的身份影响水利纠纷的解决，通过解决纠纷达到对乡村社会的控制。繁峙县与代州的峨河渠水利纠纷最终通过官府判夺定案，体现的是政府权力的运用。官府的最终判案性质上也属于调解。这种调解表面看来是行政手段，其实是一种仲裁式的调解，这种调解依靠的是官府的强制力。他们解决纠纷的主要依据的是“情”和“理”，峨河渠的水利纠纷官府的最后判定是两地均分水利就是情理结合的体现。

人类无法选择自然环境而且必须去面对，开发和利用自然资源是人类社会生存和发展的基础。明代繁峙县与代州在自然与社会的双重因素之下，认为只有赢得水资源才能使当地得到生存与发展的机会，这也是水利纠纷问题突出的原因所在。但在地方政府与普通民众的共同作用下，通过民间调解以及官府的司法、行政手段最终解决了两地之间围绕峨河渠长达几十年的争水纠纷，维护了水利秩序和乡村社会的稳定。但是，仅仅依靠这种产生纠纷——解决纠纷的模式来解决资源争夺问题必然有很大的隐患，它无法从根本上解决问题。当人口、资源和环境矛盾不可调和的时候，争夺资源的纠纷还会绵延不绝的发生，这种纠纷根本无法解决问题，反而会加剧人类对资源的掠夺。在当时的生产力发展条件下，面对人口与环境的双重压力，制度的完善与水利设施的建设就成为刻不容缓的事情。而且随着我国水利建设的不断发展，争水方也不再像过去一样简单的村与村之间或县与县之间，必将涉及更多的利益方，争夺水资源的方式也会复杂得多，借鉴历史上的水利纠纷解决措施建立一套有效的关于水利纠纷的解决机制，为预防和处理水利纠纷的行政执法提供法律保障是新时期必须重视的事情。

第三节 定襄县水案

定襄县位于忻定盆地南部，其农业发展深受地形的影响。忻定盆地是一个半封闭的山间盆地，盆地的地下水资源主要来自降水入渗补给、山前侧向外给、地表水和灌溉水入渗补给[①]。据现今的资料显示，盆地地下水多年平均可开采量为亿立方米，因而可以推断出清代的地下水资源的可利用量应当是大于此数值的。定襄县的主要河流有滹沱河、清水河。但由于定襄县地处黄土高原，水源补给主要依赖于降水，而降水年际变化大，河流季节性又比较强，因而水资源季节分配的不均衡致使水资源的紧缺性更为突显。[②]此外滹沱河的另外一个特点是河流含沙量大，每逢暴雨时期，河流水位便会暴涨，灾害突发的可能性大大提升，因而用水问题也就相伴而生。晚清以来，由于当地水环境恶化，人口增加，用水矛盾较为突出，水利纠纷较多，其中较为典型的是广济渠水案和通利渠水案。

一、水事纠纷典型案例

（一）广济渠水案

广济渠即滹水渠，据《定襄县志》记载："起汤头村东达横山村经建安合河久废，元好问有记康熙二十一年知县赵继普捐俸复开。起自蛤蟆石十五里入县境，灌溉上下汤头村、于家庄、横山于凤季家庄、林木八村"。[③]

乾隆初年广济渠被废弃后，虽然地方官员以及乡间绅民等多次提出重修

① 王宏．大同盆地浅层地下水质影响分析［J］．山西省水文资源勘，2015（8）：21-23.

② 王恺瑞．清至民国时期晋北的水利与环境［D］．西安：陕西师范大学，2007.

③ 王时炯．定襄县志［M］．太原：山西省图书馆，2010：19-21.

的意见，清政府也命令山西巡抚曾国荃着手办理。曾国荃遂派遣忻州知州方茂昌以及定襄知县郑继修认真勘察，此二人后以广济渠位于三个县城的交界处，涉及的利益太多，容易引起纠纷与矛盾为由，提出禁止开复的意见。据说梁善济曾经三次倡议修渠，但修渠之事终因白村的强力阻挠，没能达成意愿。

1912 年春，在续西峰的率领的忻代宁公团[①]撤出大同回归故土，当时大营有一名叫蔚文堂的村民曾建议重新修复广济渠，并且极力推举续西峰前往展开重修任务。续西峰欣然接受，当年春天就开始动工，各村分开段落，先挖土方，后动石工，进展很快，当开至忻州白村（今属定襄县）时，富户“三星照”（姓郭）以“开渠毁地”“破坏风水”为理由，竭力阻挠。开渠前，续西峰曾派与其有亲戚关系的续果良前往交涉，但“三星照”不答应，且公开在村里组织了四十人的“钢锹队”，声言谁敢在白村开渠就要谁的命，加以阻拦。续西峰得知信息后，派续果良再次找“三星照”谈判。保证渠成后，（1）给白村“公德”股票，按股分红；（2）路经白村的一段干渠，全用石头铺底，修石桥，筑石栏。为了安全起见，续西峰又让续先成等五名公团士兵，全副武装随行。六人骑马刚进白村，就被钢锹队包围。续果良要求向“三星照”传达续西峰的意见，不防被“三星照”的儿子郭六在肩上劈了一锹，顿时鲜血直流。续果良向续先成挥手，示意防卫，只听“吧”的一声，郭六当场被打死。其余钢锹队员，纷纷逃散。续先成等又朝天乱放了一阵枪，便护着续果良，骑马回到宏道公司，向续西峰做了汇报。为了镇压险恶，确保开渠工程的顺利进行，第二天，续西峰派公团两个排，驻扎在白村东西两头，又安了两门牛腿炮，以示威风，强行开通白村的一段干渠[②]。以后，干渠修建很顺利，不少地方当年九月就受了益，放水那天，热闹非凡，宏道镇的吹鼓手，吹奏着《大得胜》，引着渠水流了下来。沿渠人民欢呼雀跃，十分感谢续西峰。不过，干渠、支渠全部完工，确是在 1920 年以后。该渠浇地四万五千亩，共

---

① 忻代宁公团：由忻县、代县、宁武府三县人民群众组织的武装部队。

② 定襄文史委员会．定襄文史（第二辑）［M］.56、57.

有支渠五十四条，总计长达二百公里。修成的“广济渠”渠身全长六十一里，宽两丈，深一丈，水深三尺，溉二十八村，五万余亩[①]，旱地亩产由过去的八九十斤，提高到三百至四百斤。受益村共二十七个[②]，即：当时属于忻县的村庄三个：寺家庄，玉会，白村；属于定襄县的村庄十七个：上汤头、下汤头、夏村，北受禄、于家庄，横山，季庄，南林木，北林木，凉楼台，邱村，回风，阎家庄，咀子村，马城，大营，留念。属于崞县的村庄七个：宏道，辛安（北属崞县、南属定襄），无畏庄，北社，西社，南社，贾庄。以后，工程全部配套，灌溉面积达六万余亩。时人续琨作诗记其开渠之功，“渠开广济福黎烝，泽被三县田万顷，杨柳成荫丰穰日，应念郑白开山公。”[③]

随后在1914年因续西峰远走陕西后，忻代宁公团也随之消失，白村人便将之前在续西峰支持下强行开渠致人死亡的事情状告于阎锡山，由于续西峰已不在案发地点，于是阎锡山就下令将续国良逮捕，赵三成[④]找阎锡山要求翻案，阎说：“那也得让他坐几天（监狱），不然消不了官司。”结果续果良坐了一年多监狱才被释放。以后，郭姓又聚众到“广济渠”于家庄分局，赶走职员，扬言还要到宏道总公司算账，由于赵三成、贺炳煌等出面干涉，才把事情平息下来。续琨又作诗“滹沱水利溯古今，建瓴高屋走白，为杀阻工三星照，怨结累世讼不停”。诉讼最终并没有达成目的，直到新中国成立后广济水利公司解散，白村与崞县隶属于定襄县管理时，一直紧绷的关系才得以缓解。

广济渠一直使用至今。新中国成立后，在于家庄村设立了“灌区管理委员会”（有职工七人），属忻州地区滹沱河灌溉管理局管辖。定襄县政府多次组织人进行整修，扩建，截弯取直，现在广济渠共有干、支、斗渠七百一十五条，总长一千余公里，各种渠道上面，有桥、洞、跌水等建筑物

① 山西省各县渠道表．[Z] 太原：山西省六政考核处 .1919：32-36.

② 其中有一村曾分属两县，与前文28村并不矛盾。

③ 西社续氏家谱．[Z] 太原：山西古籍出版社 .1996：145-155.

④ 赵三成（1877-1938），五台县槐荫村人，协助续西举开设广济渠，后任广济水利公司经理。

一千二百零九件，灌田面积已达到十一万多亩，受益村子达四十五个。粮食亩产成倍增长，平均亩产由过去的三百斤，增至八百斤。

（二）通利渠水案

神山村渠，即通利渠之故源，位于定襄县中部，它起于庄头村，后经北关的王进村、师家湾进入神山，长二十余里。师家湾、小王村等村庄借以灌溉多年，每逢春秋二季各村便派人进行修缮工作，为此，还设立渠长以互相纠查，以求能够达到一劳永逸、水利得均的效果。

康熙四十六年（1707 年），师家湾渠长候智耀、小王村渠长梁元福等与侯秉中因灌溉的事情互相争讼而至县府。关于此次互讼，经过官府的一番实际调查，坊间的矛盾竟然是这样的：王进村、师家湾都在神山村渠两旁，在神山村之上，既然位于渠傍，两个村子就没有不引渠水浇地的理由，王进村虽有渠，但王进村渠所浇地的范围只局限于屯地而无民地在内。侯秉忠等以王进村另有渠路为由，称道神山村渠与师家湾、王进村并无关系，因此就没有用水之理，本来这些事情都应当在建渠之初理论清楚，但考虑到都是合村公事，为避免尴尬，因此暂时罢了。

此事当时的县府便予以审结，神山村地广人稀，在当地雄视一方，因此“借称渠长录士之名科派，村民所以有无工锹三十三张项箄夫工五百六十一名”，使得各村村民对其行为深恶痛绝，最终联名控告，这使得大把宝贵的时间和耕种农忙的大好时机被浪费。因此，衙门宣告以下审判结果：

一、以后谕令各村照地开挑公应渠长止许免本身工一名，此外再敢借称无工锹名色，嗣后各照旧例轮流使水。神山村在此次争讼中借渠长的名义恃强凌弱，于是惩罚神山村的侯秉忠只可以免渠长本身工锹一名。

二、各个村土地总面积六十二顷六十亩左右。除了智耀所在村庄屯地七十四亩可以在王进村渠浇灌，不能够在神山渠浇灌外，定定例为每四十亩地可以使用渠水一个时辰，四顷八十亩可以使用渠水一天一夜，中间若是有其他村买卖地亩，地主发生变动的时候，就随地亩的多少，派锹兴工，必须按照时间按照章程来分水，不得打乱章程最终导致事端。

三、侯秉忠想着借助渠长之名义获取不义之财，这种想法与做法已经严重影响到当地人的生活，这件事情本来应该纠察一番的，但考虑到事起有因，姑且从宽处理。

但此判决在实际过程中并不能顺利运行，小王村渠长梁元福在侯秉忠村中用水的当天，挑开渠道先行灌溉。侯秉忠以违背定例霸占用水控告于官府。县衙以侯秉忠违抗法律为由，将其押在衙门等候发落，侯秉忠等于是控告梁元福恃强凌弱，智耀等也以藐视朝廷等事例条款讼于官府。侯秉忠的这种行为经调查后县衙也做出了判决：侯秉忠凭借自己监护的身份目中无人，破坏用水规则，但是考虑到正是农忙时节，因此从宽发落，要求其在农忙时节监督用水情况以将功折罪，将侯秉忠私自设立的十六名神山渠渠长全部革除，勒令侯秉忠依照规则办事，一旦违抗就押解到衙门听候审讯。

二、水事纠纷产生的原因

清至民国以来定襄县因灌溉而产生的水事纠纷数不胜数，这与其自身的自然、社会环境不无关系。山西地处半干旱地区，只有在一定的自然条件下，农业生产才能得以良好的发展。定襄县因位于上游地区，水资源在当地显得尤为宝贵，在用水过程中，关于用水的纠纷总是不断。而引起水事纠纷的因素通常不止一个。一部分纠纷是出于自然原因，另一部分纠纷是出于人为的原因。而同一种类型的原因中，又有各种各样的不同的原因，在不同的水事纠纷案件中，这两种因素占据着不同的位置。

（一）水事纠纷的自然原因

1、地理区位差异

定襄县是一个旱灾频发的地区，据《定襄县志》记载，明朝成化年间以来灾害就不断发生，这当中尤以旱灾更为严重，到了明清两朝政府鼓励农民开垦荒地，开荒高潮也随之在定襄县出现，虽然土地在总面积上有所增加，但终究是得不偿失之举，因此本地的自然生态环境遭到了严重的破坏。自然因素上累以人为因素，使得定襄县不得不面临更加严峻的自然生态危机。尤其是清代，人与地之间的关系已经达到空前紧张的程度，导致争水斗争不仅规模上越来越大，而且程度上也越来越激烈。广济渠案例中，广济渠穿村而过，一方面占地太多，此外白村位于山区，原本人与地之间的比例就严重失调；另一方面广济渠的开设会导致渠道周边的土地沙化、盐碱化。白村位于滹沱河流域的上游，决定了其水资源充沛的天然优势。神山村渠，通利渠原先的源头，它的复开是由多个村庄共同出力的。其中此次事端的挑起者是位于通利渠终点的神山村。神山村位于通利渠的下游，在灌溉农田的实际操作中或多或少对水资源进行了不公正使用，引起上游的王进村、师家湾的不满，因而导致相互争执，最后诉讼至官府。

2、水利资源分配不均

就白村水的水力资源而言，它位于滹沱河的上游，水力资源充足，因此没有对灌溉水渠的需求。就其水利建设而言，白村有白村渠可供灌溉而且白村地势低水位高，广济渠经过白村，其高度高出村舍许多，如若广济渠发生决堤就会淹没全村。① 神山村渠的三个村庄王进村、师家湾、神山村都属于定襄中部的村落。其周围虽有众多河流，有水资源充沛的滹沱河，又处于牧马河与云中河的环抱之中，然而这些水资源都是这些村庄可望而不可得的，这三个村庄的水资源还是相当短缺的，在靠天吃饭的年代里，一旦降雨量不能运到农作物生长的需求时，三个村庄的灌溉全依靠于神山村渠的修建。

（二）水事纠纷的社会原因

1、河岸村落的利益诉求

在众多的社会因素中，首当其冲的是河岸村落利益诉求的冲突。在广济渠案件中最大的利益冲突者就是上游水资源充沛的白村和下游水资源相对紧

① 许杨帆．明清以降滹沱河水利开发与水利纠纷—以山西省定襄县广济渠水案为例［J］．经济研究导刊，2008（18）：141-142.

缺的村庄。除此之外，滹沱河水穿过白村，致使位于白村上游地区的寺家庄与玉会村两个村庄的地下水位严重提高，使得白村的地下水排泄不畅，形成严重的径流闭塞区。根据白村当地人的回忆，广济渠的开通，已经使白村百分之五十以上的土地形成严重的盐碱化。因此我们大可以考虑到白村对于广济渠的开通是无法从根本利益上去让步的。白村占据着水资源充沛的天然优势，出于防止耕地面积的减少、防止周围土地的沙化与盐碱化、防止村庄原有的好风水遭到破坏等自身利益，对广济渠的开通一再阻挠。而地方的民间组织形式以及下游的村庄为了解决自身在种植过程中缺水的局面，一度要求改变原有的水资源分布状况，通过开通广济渠将滹沱河水引入村庄，解决水资源缺乏的问题。在水事纠纷发生的整个过程中，每个村庄都从自身的利益诉求出发，没能全面的考虑大局。因此，一旦他们之间的利益诉求不能达成一致，就会产生冲突，进而发生水事纠纷。

2、地方民间组织的参与

通常而言，地方民间组织在基层社会都扮演着举足轻重的角色，如若这些地方民间组织不仅能够心系人民群众公正的行事，而且能够竭尽全力的维持地方社会秩序，带头出资修缮地方公物，就能够很好地促进当地社会各项事务的发展。反之，当这些组织贪图享乐、图一己之私利时，这时的他们就会成为威胁当地社会的一股不稳定因素。因此地方民间组织的参与对水事纠纷也有着很大的影响。在广济渠案件中，白村的村组织中出现了诨名“三星照”的绅士以及其组织集合的以阻挠广济渠的开通为目的的当地村民。虽然白村的“三星照”并没有对水资源进行恶霸，但其在当地组织村民阻拦广济渠的开通，是一种维护自身利益的表现，没有顾虑到下游的利益。通利渠案例中，在通利渠的修复工作完成后，沿渠诸村庄为了达到一劳永逸、分水得利的局面，在各村庄设立渠长。在渠长的设立，以及其后期的运营过程中，各村产生了争执出现了明显的不公现象，在渠长的设立方式以及设立数量上，神山村占得了明显的利益。在设立方式上，师家湾各村共设立渠长一名，神山村却独自设立渠长一名。然而神山村并不满足于自己的既得利益，随后又设立渠长十六名，这就使得在渠长的数量上出现严重的倾斜现象。神山村所设立的侯德茂等十六家渠长在具体的执行过程中以权压人，侯秉忠亦依仗着自己监护的职位欺压其他村的渠长，至于设立的十六名渠长更是唯侯秉忠马首是瞻，使得侯秉中在当地形成呼风唤雨之势，妨碍农事干扰邻居，为当时其他村庄所深感厌恶。

3、用水规则的陈旧

通过上诉的水事纠纷资料也可以发现水事纠纷这一社会现象的发生同用水规则的陈旧也有着密切的关系。原有的用水规则一旦确立以后，就是符合当时的最好的规则，但伴随着现实中新问题、新状况的不断出现，原有的用水规则就会出现脱节于现实的情况，因此不能够及时有效地限制以及约束已经发生的案例，在之后的处理过程中更是显得无力。这些主要表现在：第一，因水权享用主体不明而纠纷。水利设施的兴建目的就是养育一方水土与人民，但关于水资源的之分例有定数，而河道的变迁无常。在使用水利设施的实际过程中，各个村庄通常会采用多种合作的方式来完成灌溉，但仍然不能避免水事纠纷的频频发生，许多水事纠纷都因水权享用主体不明，最终群起而斗争致争讼。第二，恶霸控制导致分水不均。许多案件都是这样的典型案例，恶霸除了对当地人民的用水进行控制与把握，他们对官方的判决频频不遵，在案件的处理中有些恶霸似乎也并不一定会受到惩罚，这种结果在很大程度上会助长此类人再次犯案的气焰。第三，水事纠纷发生在渠道的上游和下游的斗争更为多。一条渠道通常会流经数个村落，因此大部分水利纠纷都是因为上游侵夺下游的用水权利而致纠纷。清代虽然也有许多非官方的力量出面处理纠纷，但是非官方的力量终究是薄弱的，而官方的介入会在水事纠纷案件起到最终仲裁的作用。①

---

① 张裕童.清代以来滹沱河流域上游水利设施与村际关系［J］.华北水利水电大学学报，2014（6）：11-15.

三、水事纠纷的解决途径

在定襄县的水事纠纷的解决过程中，最终通常是依靠民间和国家两股力量的共同合作而完成的。在具体的水事纠纷发生与解决的过程中，民间与国家又分别扮演着不同的角色。在不同的水事纠纷中，这两种力量又会通过不同的方法来解决。具体的方法主要有调解、械斗与国家的行政途径。

（一）水事纠纷的民间解决途径

1、调解

“自行调解”是民间处理水事纠纷的主要方式。对发生于邻里、乡族、村际之间的水事纠纷，多由纠纷当事人以外的第三人譬如士绅、族长、堤长等，根据原有的规律与法则，采用教育、感化、说服、引导等方法，实现解决纠纷的一种方法。多年的实践证明，调解工作在解决水事纠纷中起着一种不可替代的重要作用。在广济渠水事纠纷案例中，当广济渠的修缮工程到达白村时，受到当地人民的严重阻碍。面对白村当地社会组织“三星照”的极力阻挠时，续西峰首先采取了调解的手段。续西峰派遣续国良前往协商，并与白村的地方势力企图达成协议，能够在心平气和的基础上解决他们面对的问题。通利渠案例中，各村落就通利渠利益不平衡的情况也进行调解。从通利渠案件来看，尽管它们是经官府立案解决的，但其中依然隐含着一个重要信息——调解是解决纠纷的主要方式，乡约是其主要的依据。虽然调解这种手段对于当地社会有一些不可否定的积极因素。例如：通过调解可以促进人民群众之间的团结和友谊，优化社会风气等方面扮演着非常重要的角色。其次，通过调解还可以增强当地人民遵守社会法则的观念。此外，通过调解可以防止水事纠纷的进一步激化，能够及时地防止和减少恶性案件和犯罪案件的发生，起到防患于未然的作用。但是调解这一手段始终都是建立在乡规民约的基础上，守护原有的旧条约，保护部分权威势力的既得利益。因此不能够从根本上突破地方势力，也就不能从根本上解决实际问题。因此，调解所取得的成功是具有局限性的，相对彻底而全面的解决最终还必须依靠国家强制性手段来加以达成。

2、械斗

此外，一旦当事人的冲突通过调节仍然没有达到解决的目的时，民间社会常常还会选择另一种途径来解决：械斗。械斗是指携带致命性武器进行打斗、斗殴的群体性事件。而械斗相对于调解而言是一种极端的处理方式。在传统农业社会，当矛盾双方通过调解仍难以解决纠纷时，就会将希望寄托于武力之上，在武力方面败下阵来的一方就会在一定程度上服从于在武力上取胜的一方，使原本复杂的纠纷得到短暂的解决。在广济渠水事纠纷案例中，续西峰派遣下的续国良在进入白村时，因协商无果，便与"三星照"集合的民众发生了械斗。在械斗的过程中，导致了非常严重的后果，产生了人员死亡的状况。过后，凭借这种"武力优势"，续国良吓退了白村的反抗民众，强行得以确定下复开广济渠。

（二）水事纠纷的官府解决途径

能够依靠民间组织私下就解决的水事纠纷只是很小的一部分，多数的水事纠纷案件中，为了自家村庄的利益，当事人往往会强行夺水甚至发生械斗；更有甚者因为不满于政府的不公正处理而发生械斗，其结果常常是官府通过武装力量抑或法律力量对纠纷发生的主体给予弹压。通过上诉，官府会介入到水事纠纷中。面对不同类型，又由不同原因引发的水事纠纷，国家会因地制宜地采用不同的手段加以解决。一般会通过以下几个途径：

首先，由当事人诉讼至官府，由官府经审判后制定相关的法律规定，并通过颁布禁令控制事态、建立碑刻制定章程。对于广济渠水事纠纷最后的解决中，就运用到建立碑刻这一途径。

其次，通过采用"恩威并济"的方法，将利益与威慑摆在当事人面前，并加以调解来解决，达到其解决水事纠纷的便捷途径。在广济渠开凿的过程中，当地续西峰便是采取了"恩威并济"的手段，在派遣续国良前去白村协商，企图用和平的"恩惠"解决无望后，他们试图通过军队对当地居民进行强制性的威慑。续西峰带领军队要求强行开通广济渠，他们将白村原有的旧渠填平，与当地的村民发生了比较严重的打斗现象，通过这些手段最终达到了他们预想的效果。

此外还会颁布相关水利法规。通过一系列的硬性的法规，从已发的水事纠纷案吸取经验教训，进而在原有的基础上进行改变而使得原有的法规能够适合新时期的变化。

在通利渠案例中，王进村、师家湾、神山村因为用水之争上诉于县府，县府经过调查对神山村进行了处置。虽然官府历次对水事纠纷的审判和具体的法律规章制度能够维持的时间并不是很长，由于出现新的问题导致矛盾激化并再一次出现纠纷的现象也是屡屡发生，这就需要对原有的制度规章进行修改完善甚至推翻重建，而其所做出的调整往往带有很大程度上的民间意志色彩。但是这种行政力量的介入，与民间的力量相对比，在解决的速度与力度上还是有其不可替代的优势。

定襄县广济渠与通利渠两条渠水矛盾与纠纷不断，其反映的问题是在传统小农经济不发达的背景下，传统农业生产所必需的资源与自然环境有相伴生的特点。在这种条件下，一旦人口与资源以及环境之间原有的稳定关系被破坏后，矛盾与冲突就在所难免。那么如何处理人口、环境以及资源之间的关系，就成为当地人民以及政府不得不考虑的一个重要问题。本书通过对清至民国水事纠纷产生的原因及其解决途径的分析，使人们了解到水事纠纷与当地自然、人为因素之间的密不可分的联系，以及历史上的解决途径。此外，帮助地方政府在治理水事纠纷以及建设水利中，充分挖掘有利于其建设生态平衡、全面协调可持续的水利环境的积极因素，促进当地社会和谐发展。

第四节　崞县阳武河水案

山西地处内陆，属大陆性季风气候，水资源短缺；同时，由于山西实行粗放型农业耕作方式，无限制的开垦严重破坏了当地的生态环境；再加上明清以来山西人口数量激增，生态环境逐渐恶化，水资源愈发紧张，人口、环境、资源之间的关系越来越紧张，人与水资源之间的矛盾更加突出。在此情况之下，处于黄土高原的山西围绕着农业灌溉用水发生了许多水利纠纷，其中有许多甚至演变为大规模的械斗事件。下面以崞县阳武河流域水案为例，分析地方社会秩序在水案解决前后的变化。

一、明清以来崞县阳武河流域水案概述

（一）阳武河流域概况

阳武河位于崞县境内，是滹沱河的一个支流，长有百里，其水源主要来自北面白人岩和南面的龙王脑，两股水在今轩岗镇的马圈村外，注入阳武河。崞县地处黄土高原，气候受地理环境的影响，在大陆季风性气候的前提下，兼有山地性气候的特点，表现为春季少雨多风沙，夏季高温多雨，东南风带来的暖湿气流是降水的主要来源。因此，阳武河的水量、水速等受季节的影响不能一概而论。如夏季，阳武河水流畅旺，水量大增，往往比平常多至一倍以上；冬季则除阳武口间，因气温较高，水流湍急，不致结冰外，其他各处，皆成琉璃一片；秋季时，除了几天“秋暴雨”，山洪大发，其平均水量大约在四至五立方尺之间，水速平均每小时可行四十余里。

阳武河流域的水利灌溉比较早，可以追溯到北宋嘉祐、熙宁年间。据《崞县志·义行》中记载：“高万，豪于财，心存利济，居申村。在阳武河畔，河水不时涨发，沿河田亩率废为旷土，万忧之。相其地势，凿渠筑堰，引涨

水以资灌溉，数千亩瘠田遂皆变为膏壤。至今利之。事在嘉祐、熙宁间，盖肇兴阳武水利者”，另有《高万墓铭》的记载也佐证了在宋代南申村人高万在阳武河畔筑堰凿渠，引洪淤灌的历史。碑文如下：“君讳万，高其氏也。世为崞之申人，其先亦不甚显，迨君始以豪资闻。君性嗜田业，而便习水利事。申有河所谓阳武者，其源涌于阳武塞石壁间，汩汩而下。出于旷谷。每遇过涨，则有垫溺之患，居民为之不宁。滨河有田数十顷，因垫溺则废为旷土。其民亦转徙而他者，不可胜计矣。嘉祐、熙宁间。君始为凿渠道、筑堰堑、引涨水、以溉瘠田，得膏壤数千顷，卒抵半殖。由是乡之人皆效而为之，向所谓旷废不毛之地，今皆变为良田。”[①] 明清时期，当地民众多次在阳武河修筑堰渠灌溉田地，如明万历二十三年（1596 年），南申村、下申村、三吉村联合兴修鸦门渠，可灌溉面积 2620 亩；清嘉庆年间，下薛孤村郑永修集资兴修源永增渠，洪淤面积 600 亩；嘉庆二十五年（1821 年）定风庄修筑原名“公业渠”的北渠，淤灌面积 2000 亩。光绪二年（1877 年），李家村兴建尹家渠，可洪淤面积 1500 亩。

清代的县志也对该河的概况有如下记载：“发源于县治西南六十里，阳武口内下马圈村，山根涌出大泉一，小泉约百道，东流五里至芦家庄，迤逦经沿长会、沙峪等村十五里，出口至上阳武村又五里至浮图寺前为东西两岸二十一村起水灌溉地亩处，出分三大渠，下游支渠无数。其正流复行十余里至上申村历下申村、贾陀村、上下大林、白彪村共二十五里至合河村入滹沱”[②]。据 1937 年的调查，阳武河从发源地起，到上阳武止，沿途乃崇山峻岭，属云中山脉，海拔在一千五百公尺以上[③]。阳武河顺着这些山脉中间直流而下，直到过了上阳武，才逐渐平坦。由于阳武河本身和滹沱河的来回冲刷，河身迁移，便形成了一个平原。受地形影响，阳武河在上源乃淙淙溪水，潺潺而下，但因为沿途山间有许多乱泉，逐渐汇聚，越下越大，到阳武口，

① 杨晋生：写满历史的阳武河［J］. 文化忻州 .2016（1）：59-64.（内部期刊）

② ［清］赵冠卿，龙朝言 . 光绪续修崞县志［Z］. 江苏：凤凰出版社，2005：337.

③ 邱毓灵 . 晋北崞县阳武河流域水利调查［J］. 西北论衡 .1937（5）：45-54.

地势突下，河水从高山夹峙中，一泄如倾，水势尤为湍急。过了上阳武，速度才稍有减缓，但是余势未息，加以地势仍然是往下，直到汇入滹沱河，水速也没有减少多少。就水利而言，阳武河流域渠沟密布、纵横交错，有四条主要支流和沟渠：中河、官河、南河、博济公司渠。阳武河流经芦家庄、沙峪村、沿长会、犁井、上阳武、上下申村、贾陀村、上下大林；中河，由南申村西北里余起水，流经三吉村、李家村、定风庄、敬家庄、南阳店、南阳村，长凡二十里；官河，由阳武村西北起水，流经施家野庄、南申村、三吉村、上下薛孤、前后沙城、田家庄，长凡二十五里；南河，由浮图村西起水，流经阳武村、大牛镇、神山村、大牛堡、上下默都、东西石封、文殊庄，长凡四十五里；博济公司渠，由阳武河支流中河引水，流经三吉村、李家村、上下薛孤、后沙城、西镇村、文殊庄，长二十余里。阳武河流域沟渠灌溉二十一村田地，其中受利最大的乃是当地所称“十八村水地”。

由于水利灌溉的兴起，早在明代天启七年（1620年）三月就由官方颁布了阳武河流域的使水条例。十八村水地灌溉主要分为两次，分为官水和小摊水。官水即公众的意思，第一次灌溉完全用以夏田，即麦类作物；第二次按使水程序轮至三吉、南申村以前各村，还是灌溉夏田；以后各村及第三次都是灌溉秋田，即高粱、豆类、蔬菜等作物。各村使水的多少据记载，“阳武河渠灌溉诸村地亩，每岁从立夏日使水起，以三十日半为一周（如表3.2十八村水地使水时间表），各村自上而下依次轮灌，周而复始，限有日时程刻立碑二，一在县治二门，一在本处使水首村，永垂定则”①。小摊水是消冰水，在春季还没有下种以前小摊一次，灌溉空地，为下种做准备。每个村的使水时日是按官水分得的，一共是二百三十七时。南申村、上下薛孤、赵家野、贾陀、下大林、东西石封等村，因为轮使小摊水的时候太晚，其应得时间并入官水使用。而小摊水的起水日期是从官水的起水日期——立夏日往前推二百三十七时，大概在谷雨节前五日；但是因为阳武村祭河水一事，所以

① ［清］赵冠卿，龙朝言．光绪续修崞县志［Z］．江苏：凤凰出版社，2005：379.

还得提前一天。另外，上述提及的官水和小摊水属于一般情况下的用水，用以灌溉农业作物；但总有一些特殊情况，如山洪，此时村民发挥他们的智慧，对水资源进行了更加充分的开发。阳武河流域夏秋之际山洪暴发，冲刷沿河村庄，居民深受其害。于是1923年，县属绅商组织联合各村，集资成立崞县博济水利有限公司，开凿博济公司渠，从中河引水灌溉田家庄等村，还可免受洪水之灾，一举两得，使民众受利无穷。博济公司渠以公司的形式进行管理，其灌溉是引洪水，所以水量不定，灌溉面积无法精确计算。

表3.2 十八村水地使水时间表

村庄	使水时间	村庄	使水时间
上下阳武村	一日	神山村	一日
施家野庄	二日	上下申村	二日一厘
大牛堡、东头村	一日八厘	上下三吉村	一日半
上默都村	一日	南申村	一日
下默都村	一日	上薛孤村	一日
陈家野庄	一日	下薛孤村	六厘
沙城村	二日	赵家野庄	一日
上大林村	一日半	贾陀村	一日
魏家庄、南大林村	一日	下大林村	二日
寺街村	一日半	石封村	一日
大牛店	三日九厘		

阳武河流域除传统农业之外，阳武河上游还有一些水利加工业，如水磨，因其上游水速比较急、水量比较大，所以兴起了水磨加工业，且发展历史悠久。水磨因其所磨的东西的不同可分为：专磨大小麦、豆、高粱等的面磨，专磨胡麻、菜籽制造“口油”的油磨，专磨木柴用以制香的柴磨。清代水磨之盛可用土谚形容“七十二盘昼夜转，北京只知两盘半”。后来汾河水磨逐渐兴起，阳武河流域的水磨便慢慢落寞。总而言之，阳武河的水利是比较发达的，它在乡村社会中有着十分重要的作用，使民众的生产生活更加便利。

（二）阳武河流域水案概况

随着明清以来人口压力的增加、水环境恶化等因素影响，阳武河流域人水矛盾突出，水案频发，为人们的生产生活带来了诸多不便。尤其是清代以来，当地因水而争讼的事件时有发生。明代天启七年官府就阳武河十八村水地的灌溉用水颁布了使水规则，并立有分水碑，九年后即崇祯十二年（1629 年）阳武河又因使水起了纷争，官府再次颁布公告："大明天启七年定例，西会村应分常流漏堰水一渠，轮流灌地。后因虏焚旧案，各村互争时刻，混将西会村亦与各村轮流使水派为六厘。经西会村赵成等于崇祯十二年，连名称告县主，牛太天亲诣各村渠道，踏勘明确，具详钦差提督等关兼巡抚山西地方都察右佥都御史宋，并详钦差整饬宁武带管雁门兵备等处山西提刑按察司佥事吴，一批应照旧例，赵成等渠水常令使满，毋致后争。一批漏堰水一渠，当终分润于西会村，常流漏堰水一渠永成定例。"清雍正十年（1732 年），该流域又因使水引起了纠纷，知县梁士纶颁行公告："为公轮灌地事，照得到阳武一十八村水利自大明立石以来，公轮灌地成例已久。因今亢旱，诸村互讼，曾经本县断明。自今以后，凡使水之村仍照旧例，应浇之上地，从上而下，先尽上地浇完，次尽上次地再浇，中地挨次灌溉，务使均匀。凡遇使水遵照轮流，不许强混搀越。如违重究不贷。"嘉庆二十五年（1820 年），知县马兆椿公告："大明天启六年按上粮地九顷四十亩分水一日，浇麦地以立夏日为始，浇谷地以谷雨为始；立夏为大官水，谷雨为小摊官水，每年差役管水豪不敢紊。上粮每亩四升九合五勺，中次粮每亩三升八合；上地上次地分水一亩算一亩，中水地分水二亩折算上地一亩。其余下地以及下下地不准折算，不能分水。至于各村旱地，不准新开渠路恃强引灌，恐妨应分水之上地，以杜争端。若有恃势恃强不法之徒，以阻抗水利律究详。"

道光二十年（1840 年），西会村状告石封村截留漏堰水诉状于知县颜于镐，"生等村水利一事，系常流漏堰水一渠，载在水碑。凡一十八村接使阳武河水，不论何村使水，总留生等一渠常流之水，二百余年相安无事，永定成规。不意今初五日辰时，石封村接水，首豪渠长张通通、张文德将水伯（逼）尽。

生等身系渠长，无奈于本日午时到堰与伊等理讲，谁想张通通等率领多人，各持锹棍，口出恶言，硬性伯（逼）阻。生等又协同水差李怀珍到堰，水差李怀珍又与伊等理讲放水，伊等仍然涓滴不放。况此事太大现有告示晓谕各村，不准私下生事，有事急速禀究。生等不得不遵示来禀，叩恳批张通通等有无违规伯（逼）水情事，姑准传讯。”而石封村随机驳斥了西会村的说法，认为“碑载，原有伊村漏堰水一渠，耆等上七村起水处在伊村之上是漏堰水，下十一村在伊村之下是小水一渠。即如雨涝水大，漏堰（水）亦大；天旱水小，漏堰水亦小。往年耆村分水十二时，所灌地亩实能灌地十余顷，今年天旱耆村仅灌地一顷余。水不及往年十分之二，耆等村苦不可言。耆村是按规起水，毫无越理，有无漏堰水，压水差人为证。至伊词云‘涓滴不放’，尽属子虚。乞质差人，虚实自明”。之后，西会村不服，再行控告石封村，石封村又据理反驳。

同治十年（1871 年）秋，崞县乡耆李斐然等呈控秦一士串旱案，经巡抚部院调查，颁布公告如下：“断令各旱村出钱五百千文，作为十八村赔粮之需，系属格外体恤。并将使水日期酌量挪移十五日，每年自冬至日期准赵连兆等各旱村，由歇马殿前中官河岔口分水处筑堰引水，六村轮流灌地，限次年雨水日共计两月为止，即行拆堰。既于旱村有益，亦与十八村毫无所损，应即水为例，两造均不得再有异言。至秦一士所立私碑四通，应令崞县概行掘毁。仰布政转饬如详销案，即刊立碑记，永远遵照，俾得同沾水利，杜绝争端。”1912 年以来，当地的水案更是频发，其激烈程度随着水资源的匮乏也愈演愈烈，小到唇舌之争，大到集体械斗、流血冲突，甚至致人死伤。如下大林村与上七村（即大牛堡、阳武村、施家野庄、大牛店、神山村、上下默都村、石封村）因接水而起冲突，双方都聚集了很多村民，酿成大械斗事件，上七村死一人，伤无数，下大林村也损伤有差；械斗完后，又起诉[①]。正如韩垌形容当时洪洞水案：“一有不均，或背其所沿之惯例以为利者，则千百成群，相率

---

① 邱毓灵．晋北崞县阳武河流域水利调查［J］．西北论衡 .1937（5）：45-54.

巨斗，罗刀矛，执器械，俨然如临大敌，必死伤相当而后已”，这也可作为对阳武河流域水案的一般性描述。尽管1913年在阳武河流域即成立了新型的水利公司，“崞县滹济水利有限公司”扩大灌区收益村庄，同时制定新的用水规章①，但依然没有解决该地区的用水矛盾。从1914年到1939年的25年间，因争水发生的纠纷、械斗多达25次，平均每年一次，其频繁程度可见一斑（表3.3 1914至1939年阳武河流域水利纠纷表）。

表3.3 1914至1939年阳武河流域水利纠纷表②

村名	时间	原因	纠纷始末
南申村与上下薛孤	1914年	争使春水	数百人械斗，构讼三年
石封与大牛堡	1915年	争使春水	二百多人械斗，构讼
魏家庄与南大林	1916年	争使春水	构讼
魏家庄本村郭杜两家	1918年	争使麦水	构讼
石封与东野庄	1919年	争使春水	械斗重伤一人，构讼
三吉、南申村与阳武等上七村	1919年	争使春水	械斗，构讼
薛孤、沙城与施家野庄	1923年	争使春水	械斗死一人，构讼
大牛堡、施家野庄与魏家庄	1923年	争使春水	打架，构讼
下大林与阳武等上七村	1924年	争使春水	械斗死一人，构讼
上申村与下申村	1924年	争使春水	构讼
上大林与魏家庄	1924年	争使春水	构讼
西会与魏家庄	1924年	争使春水	构讼
三吉村与定风庄南阳店	1925年	争使冬水	打架，构讼
大牛堡与魏家庄	1925年	争使春水	打架一人重伤，构讼
下大林与申村、贾陀等	1926年	争使冬水	经县府调解配定使水时间
南阳店与魏家庄	1926年	争使冬水	打架，构讼
下大林与阳武村大牛堡	1926年	争使春水	械斗死一人，构讼
大牛店与阳武村	1926年	争使麦水	打官司打到中央政府

① 书后面附有《崞县滹济水利有限公司简章》。

② 转引自赵新平.1912—1928山西乡村生活研究［M］.北京：中华工商联合出版社，2007：225.

续表

村名	时间	原因	纠纷始末
东野庄与魏家庄	1927年	争使春水	打架，打官司
石封与下默都	1928年	争使麦水	打官司
西会与上大林等十一村	1928年	因起水发生争执	打官司
神山与沙城	1929年	依势霸水	酿成纠纷未形成事故
下大林与阳武等上七村	1931年	争使春水	打官司
贾陀与魏家庄	1936年	争水偷水	官司打到南京政府，历时三年多
南申村与下申村	1939年	争使洪水	打架一人重伤，打官司

阳武河流域各村之间的水利纠纷根据其发生的原因可分为普遍和特殊两种类型。普遍是指发生的原因十分常见的这一类型水案，即水案发生的原因比较普遍。据表 3.3 可知，1914 年至 1939 年间，水案发生的原因最常见的是争使春水、麦水、冬水。麦水顾名思义即是灌溉小麦的水，其实春水和冬水也是灌溉小麦的水。春水灌溉春小麦，麦水、冬水是灌溉冬小麦，区别只在于灌溉时间的不同，前者是在冬小麦种植的时候灌溉，后者是在冬小麦种植之后灌溉。此种水案类型最为普遍的原因是小麦关乎民众的生存，甚至可以说关乎他们的生命，所以民众经常争使春水、麦水、冬水，并且往往会导致大规模的械斗。在上述因争使春水、麦水、冬水的而发生的二十起水案中，其中仅有七起未发生械斗，却有两起导致一人重伤、三起导致一人死亡。可见此类水案激烈之程度。特殊是指发生的原因比较罕见的这一类型水案，即水案发生的原因具有一定的偶然性。如 1939 年，因争使洪水而发生的水案，洪水中含有大量的肥料，用以灌溉可肥沃土地，当地人历来有淤灌的传统，民众比较重视，这一水案也导致一人重伤。

从上述清代以来的阳武河的水案可以看出，这些水案涉及的范围、人数、规模等有大有小，但最突出的特点是具有反复性。阳武河流域的水案涉及的双方从户与户、村与村到村与多村、多村与多村，参与人数是全渠全村甚至多渠与多村之人，甚至可达成百上千，于是水案官司的级别越来越高，有时甚至会惊动朝廷或中央政府。这也就使得水案变得越发复杂和难以判决，因此水案一般旷日持久，以致“经年累月而讼不得解”。

二、崞县阳武河流域水案发生的原因

孙仑焕说：“国以民为本，民以食为天。食出于田，田资乎水，水利所关，诚非浅鲜也。但宜顺其自然，得其公平，循其规矩，则水之利可永保于无疆”[①]，由此可知水利对于人民、国家的重要性。但是，乡村社会却经常因为水利而发生纠纷，对地方社会秩序产生了巨大的影响。因此了解地方社会秩序的变化，就必须清楚水案发生的原因，水案的发生并不是某单一因素造成的，而是多种原因共同作用的结果。

（一）自然原因

1、人口激增，水资源愈发紧张。明清以来，全国人口迅速增加，而山西人口膨胀的典型信号就是明初的“大槐树移民”。而随着人口压力的逐渐加重，人口、资源之间的矛盾日渐尖锐。首先，人口与土地的关系越来越紧张。人口的增加意味着粮食的增加，而粮食产于土地，在无法提高粮食产量的前提下，越来越多的人也就需要更多的土地来种粮。但是有限的土地并不能满足无限增长的人口，于是人们不得不开荒垦田、毁林造田，从而导致水土流失、湖泊湮废，自然环境受到了严重的破坏，水资源也逐渐减少，无法满足土地灌溉的需要。然后，人口与水资源的矛盾日渐突出。人口的增加本身就使水资源愈发紧张，而耕地的增加和自然环境的破坏导致的水土流失则加重了这种紧张。水资源与人口的矛盾的日渐尖锐，是清代以来阳武河流域水案增多的重要原因。

2、水资源较少，且分布不均。山西是我国水资源比较缺乏省份之一，其河流分属黄河、海河两大水系，晋北地区不如晋南地区水资源丰富。晋北地

---

① 孙仑焕．洪桐县水利志补［M］．太原：山西人民出版社，1992：4.

区主要河流仅桑干河、滹沱河，阳武河就是滹沱河的一条支流。山西地处黄土高原，土质疏松，受雨水冲刷之顾，河流的泥沙量较高，所以阳武河河水的含沙量较高、含水量相对就低了。再加上阳武河在每个村落的河水长度不同，即水资源空间上分布不均，而每个村庄的需水量也不同，因此阳武河并不能满足每个村庄所需，从而导致水利纠纷的发生。其次，晋北地区地处内陆，属大陆性季风气候，兼有山地性气候的特点，表现为春季少雨干旱多风沙，夏季高温多暴雨，东南风带来的暖湿气流是崞县降水的主要水汽来源，秋季温和晴朗，冬季漫长干燥，西北风盛行，降水少。因此阳武河的水量受季节的影响，也就是说它的水量在时间上分布不平衡。阳武河流域以种植小麦为主，小麦分为春小麦和冬小麦，分别在春季、秋季种植，除了在种植小麦的春季、秋季需要大量灌溉用水之外，冬季也需要灌溉一次。但是受气候影响，阳武河流域春、秋、冬水量较少，所以该地春、秋、冬易发生水案，春季尤甚。从表 3.3 中可以看出，阳武河流域在 1914 年 1939 年间，只因争使春水的水案就发生了十五次，其中仅有四次未导致大规模械斗，有三次致人死亡，两次重伤一人，可见民众对春水的重视程度及由此引发的水案之激烈。

3、干旱、洪水等天灾也是水利纠纷产生的原因。由于阳武河的水量时空分布不均，夏季多雨春季少雨多干旱，所以阳武河流域极易发生洪水、干旱。再加上春季是农业耕种时期，需要大量灌溉用水，春季自然成了水案的高发期。此外，由于洪水中含有比较丰富的泥沙，是天然的肥料，能肥沃庄稼，所以民众也时常因争抢洪水而导致水利纠纷。如 1939 年南申村与下申村就曾因争抢洪水而发生纠纷，并导致一人重伤，最后以打官司的方式才解决。清代就有不少旱涝灾害发生，如嘉庆十六年（1811 年）夏旱秋霜导致颗粒无收，道光十七年（1837 年）春夏旱、七月滹沱河又发大水，光绪三年（1877 年）夏旱、五年（1879 年）三四月有旱魃之谣等[①]。干旱、洪水等自然灾害给民众的生产生活带来了巨大损失。

---

① ［清］赵冠卿，龙朝言．光绪续修崞县志［Z］．江苏：凤凰出版社，2005：602.

（二）人为原因

1、水差、渠长等人利用职务之便，卖水、霸水，从而导致水利纠纷。乡村社会对当地水权的控制和使用，直接表现就是水差和渠长，他们是专管乡村水利秩序的人。水差、渠长负责水利事务的管理，监督民众使水，防止他人偷水，在水利事务上拥有比较大的权力。水利关系到民众的生产生活，若品行不端的人被推为水差、渠长等，必会利用职务之便，赚取不法之财。这就导致其他民众无法享受到合法权益，田地得不到足够的灌溉，收成自然不好，这严重威胁到了民众的生产生活，也就必然会引起民众的反抗，从而导致水案的发生。总而言之，水差等专管水利秩序的人因私利破坏正常的用水秩序，这是导致水案发生的重要原因。

2、使水条例制定的不合理。阳武河流域十八村水地的使水条例是从立夏日开始起水，三十日半为一周，各村轮流用水。若此时发生干旱，排在前面用水的村庄自然存在优势，后面用水的村庄可能没有足够的水甚至无水可用。此时，民众就可能破坏使水条例，下偷上水，引发水利纠纷。虽然此类水利纠纷发生的主要原因是干旱等自然灾害，是无法避免的，但使水条例的不合理也是水案发生的不可或缺的原因。

3、官府在乡村水利事务上的有限作用。特别是晚清以来，国家实际能力所及的范围小于其形式所及的统治区域。而地处内陆、干旱少雨的山西乡村，官府在水利事务上的作用几乎为零，崞县自然也是如此。官府的断案只能起一时之效，而水利是长久之事，水案的频发则会导致其逐渐失效。同时，若官府的判决伤害了民众的利益，民众往往是不服的，他们会逐级上诉或对判决结果阳奉阴违，这也就使得水案反复发生或长期得不到解决。如1936年贾陀与魏家庄之间的水利纠纷打官司打了三年多，按理说这本就是一个普通争水偷水的案件，偷水者有罪，如此简单明了的案件，十分容易判决，但是为什么这个案件却闹到了南京政府呢？就是因为非正常时期，官府作用有限导致的利益分配不均引起的。

综上所述，其实水案发生的原因是多种多样的，并且水案的发生往往是多种因素共同作用的结果，但究其根本原因是利益冲突。水是农业的命脉，田地得不到灌溉，就无法获得好的收成，甚至会威胁到民众的生命。即水利涉及民众的根本利益，所以民众经常因争夺水资源而发生冲突，争夺水资源的背后其实是为了保障或者获取更多的利益。

三、水案的解决与地方社会秩序的变化

水利是地方社会中一项重要的公共事务，也是地方社会权力结构中的重要组成部分，自然也会受到当地民众的重视。由于国家在水利事务管理中的有限作用，地方社会内部在发生水案时自发地形成了一套解决机制，以使地方水利秩序正常平稳地运行。但是，在一些特殊情况下，国家会以仲裁者的身份介入其中，同时水案的解决往往也需要官方来使得其结果具有法律或官方性质，以使民众严格遵守。因而，民间和官府在水案的解决过程中都有着不可忽视的作用。

（一）民间在水案解决过程中的作用

1、乡绅在水案解决过程中的作用。

乡绅，就是乡村社会中的上层阶层，其政治、经济、文化地位都高于普通民众。乡绅在乡村社会一般扮演两种角色：官方政令在乡村社会通行的领头者和乡村社会的领头人或代言人，即乡绅是普通民众与统治者之间的纽带。由于乡绅的这种特殊地位，他们在普通民众之间有着较高的权威，甚至在一些特殊情况下，统治者或官府还得仰仗他们来调和其与普通民众之间的矛盾。因此，乡绅在水案解决过程中发挥着极其重要的作用。

乡绅一般分为两种：一种是维护乡村秩序和地方社会安定的拥有极高威信的一部分乡绅；另一种是自私自利、为一己私利勾结水差、渠长的一部分乡绅。由此可以将乡绅在水案解决过程中的作用分为两种：一种是为村民伸张正义，揭露水差、渠长的不法行为，维护水利秩序的义绅；另一种是勾结水差、渠长，趁机鱼肉百姓的劣绅，甚至还有因水差、渠长、劣绅之间分赃

不均而发生的水案。义绅在村民中拥有极高的威望，在水案解决过程中，他们往往作为中间人进行调停，从而使双方达到和解的目的；官府也需要他们协助来妥善地解决水案；他们还可以帮助普通民众获得更好的审理结果。劣绅则勾结水差、渠长，以公谋私，长期霸占水权，使民众不敢反抗；甚至与官府互相勾结，使得水案得不到公正合理的判决，给普通民众在物质上和精神上带来了巨大的伤害。

地方社会对水权的控制和管理，最直接的体现就是在水差和渠长身上。水差、渠长一般由德高望重、在各村都有联系的人出任，这是选取水差、渠长的基本要求，因此可以说这一职位是掌握在乡绅手里的，也只有他们才有经济实力和社会关系来胜任这一职位。水差、渠长并不由官府选任，而是民间自发推举的。但在水利纠纷频繁发生后，官府的介入使这些身份更具官方色彩，相对而言拥有了更大的权力。虽然水差、渠长是半官半民性质，但其在水利事务中掌握着实权，这足以左右普通民众的生死。水差、渠长按规定采取的多是轮应制，不能连任，以此来协调各村的关系，避免矛盾激化。但是，在实际过程中，这一制度未必会得到执行。水差、渠长大多是乡绅，有足够的财力、物力垄断这一职位的，甚至将轮应制改为世袭。在任职期间秉公办理的水差、渠长，在少数情况下会被村民推举连任。总而言之，水差、渠长可以说是乡绅阶层中的特殊阶层，在乡村社会拥有一定的权威和威望。

水差和渠长具有官方的性质，其任务之一就是就近解决水利纠纷；而且水差、渠长属于乡绅中的特殊部分，拥有一定的权威和威望，因此他们在水案解决过程中的作用也十分重要。

水差在使水期间，背着日晷和信香等物，行走于各村之间，根据使水条例转告接水、走水的时辰。若发生纠纷，则就近排解。日晷和信香是接水、走水的时刻表。渠长则是各村使水的监督人员，下设辅助人员若干。接水以前，渠长率领一班人员，带领铁锹等一切应用物品，在分水地点等待水差报时，开始结水，同时还要防止他人偷水。所以对于普通民众来说，水差、渠长“官居要职”，有着较大的权力。

2、普通民众在水案解决过程中的作用。

个人在水案解决过程中的作用是比较微弱的，然而水案具有群体性，所以普通民众的作用是不可忽视的。民众是水案的当事人，同时水利又事关民众的生产生活，因此他们十分重视水案的解决。这也就使得水案的处理结果必须得使村民满意或信服，否则他们必定不会善罢甘休。如果水案的解决方式和结果伤害了民众的利益，他们会照旧我行我素，以致矛盾积累，酿成新的水利纠纷；或直接用武力来解决，据表3.3可知1914年至1939年之间发生的二十五个水案中竟有十三次发生过械斗或打架；或会上诉官府或逐级上诉、甚至上诉到朝廷或中央政府。如前文所提到的1927年大牛店与阳武村的水利纠纷，打官司都打到了中央政府，对于普通民众来说，中央政府离自己是十分遥远的，而且打官司打到中央政府必然会花费巨大的财力、物力、精力等，但是他们依然选择了这条路，最后使得官府必须重新审理案件。所以说普通民众在水案解决过程中的作用也是十分重要的。

（二）官府在水案解决过程中的作用

乡村社会内部多种力量的介入，使水案的解决变得更加复杂，因此官府的介入是必需的。水案发生后，若双方无法自行解决或发生械斗致人死伤，此时他们就会报官，构讼。官府一般会联合有威望的乡绅先对办案双方进行调解，以期达到和解的目的，及时有效地解决水案；若双方不愿和解，则会采取行政手段，这也是解决水案的最基本、最常用、最快速的方法。因为水案一般发生在需要大量灌溉用水的农忙时节，所以水案需要得到快速的解决。表3.3中的二十五起水案，仅有两起未构讼或打官司。因此，官府在水案解决过程中大多是起着仲裁的作用。由此可以看出，虽然官府在水案解决过程中的作用也是比较重要的，但是实际上它的作用仍是有限的。

清代以来关于解决水案的制度供给是有限的，这也制约着官府在水案解决过程中的作用。为了及时解决水案，官府总以水利历史为根据，结合地方社会的实际和用水习惯，从天理人情出发，对水案做出的判决；更多的是“率由旧章”，恢复和执行原有用水制度。因为官府的目的是使乡村水利秩序平稳运行，从而达到维护社会稳定、实现国家在民众中的统治权威。因此，当时的官府并不在乎民众对判决结果的接受度，只想息事宁人，维持现有的秩序，若民众接受度较低，自然就不会去执行判决结果，这也是水案反复发生的原因。

官府在水案解决过程中的有限作用，也是因为受到旧时的用水规则和水利秩序的制约。对于官府而言，虽然旧时的用水规则和水利秩序的有效性十分有限，但是在频繁发生的水案面前，表面上做出调整简单，但要做出根本上的转变却很难。想要改变旧的水利秩序，需要制定新的规则来替代，而新的规则并不是一夕一朝就能制定的，因为新的规则必须得满足、平衡乡村社会内部各种利益团体；即便制定出来，也冒着很大的风险的，因为乡村社会已经习惯了原有的用水规则和水利秩序，想要改变并不是一时就行得通的。所以说官府在乡村水利事务中的作用是有限的，维护乡村水利秩序的主体还是乡村社会自身。

（三）水案的解决对地方社会秩序的影响

虽然频繁发生、激烈、旷日持久的水案对地方社会秩序及政治经济生活方面产生较大的影响，特别是大规模的械斗、流血冲突、命案严重干扰了当地社会秩序的正常运行，但是水案的解决方式和结果对地方社会秩序的影响也是十分巨大的。水案的解决一方面打破了原有的地方社会秩序，构建了新的地方社会秩序，另一方面维持了原有的地方社会秩序。

1、水案的解决构建了新的地方社会秩序。

水案发生后，其当事人经常会使用械斗的方式来解决问题，而械斗常常会导致人员伤亡，这必然会使得双方的关系发生巨大的变化。如双方即刻变为仇敌；甚至导致婚嫁观念的变化——双方互不通婚；更为严重者会导致集体仇恨的产生，从而引发更大的社会动荡，破坏地方社会秩序的正常运行。以械斗的方式来解决水案通常是行不通的，械斗之后往往会上诉官府，构成诉讼。

官府受理案件后首先会采用和解的方式来解决问题，若无法和解再采用行政手段。官府一般会联合乡绅来对水案双方进行调解，以期达到和解的目的。

若要和解，必须得均衡双方的利益，如 1926 年，下大林与申村、贾陀等村之间的水案，其解决方式就是经县府调解分配了使水时间，否则是无法和解的。这其实就是打破了原有的使水制度，重新制定使水制度，使水利秩序再次平稳运行。

2、水案的解决维持了原有的地方社会秩序。

水案构讼后，官府会对其进行审理，其判案的基本标准是“率由旧章”，即强调对原有制度的恢复和执行，这也是由其在水利事务中的有限作用决定的，目的是维持原有的水利秩序。因此，对于强行破坏原有用水制度的民众、村庄，官府一般会对其进行抑制或严惩。但是这并没有从根本上解决水案，反而伤及了各方的利益，所以判决结果可能并不会得到执行。也就是说官府的判决结果并不是都能得到民众的接受，有时会受到民众的抵制或忽视，甚至会和官府对峙。官府对水案的判决只是一事论一事，没有长久的影响力和约束力，虽然维护了原有的地方社会秩序，但是并没有解决根本问题，反而使问题越积越多、越积越大；此时地方社会秩序的稳定只是表象，内里却埋藏着复杂尖锐的矛盾。

总而言之，近代作为中国由传统社会向近代社会的转型期，政治混乱、人口激增、生存环境的恶化等原因导致水案频繁发生。时代的变化使得水案的解决方式也在发生着变化，在这一过程中，官府、乡绅、普通民众的作用也在发生着变化。国家逐步加强了对水利事务的管理，在一定程度上促进了水利组织的发展；乡绅作为地方精英的代表，作为官府与普通民众之间的沟通者，发挥着重要的作用；普通民众在水案解决过程中的作用逐渐得到重视。国家与地方社会、官府与乡绅、乡绅与普通民众之间在水案解决过程中表现出了复杂的关系，既有合作，又有对峙，这直接影响着地方社会秩序的变化。

通过清代以来阳武河流域发生的这一系列水案可以看出，乡村水利事务基本是被乡村社会所掌控，水案的解决自然也是以乡村运作为主，特别是在晚清以来，社会动乱，国家的动荡加剧了地方的不安，其对地方的控制力逐渐减弱。在水资源日益匮乏、水利秩序逐渐混乱的情况下，虽然国家权力表面上在水案解决过程中起到了决定性作用，但实际上，其时刻都在承受着来自乡村社会的挑战和质疑。因此通过分析清代以来阳武河流域的水案，不仅可以了解到当时的社会生活，还可以反映出当时社会政治的变化；再者，对水利纠纷类型、解决方式和解决机制的探讨和分析有助于我们更好的理解当时国家控制和地方自治之间的互动，以及地方势力与普通民众之间复杂的社会关系。

第四章　清代五台山地区的水神信仰

中国传统的民间信仰广泛，地域特征显著，但都有一共性，就是多神信仰及实用性，忻州地区的民间信仰也是如此①。不管是本土的信仰还是外来的信仰，只要与民众的生产生活相关，就会有广大的信众对其顶礼膜拜，信众是以最实际的功利诉求为尺度来调节人神关系的。在传统的农业社会，风调雨顺是人们最大的愿望，所以对水神的崇拜无论在官方还是民间都很盛行。由于五台山地区独特的地域单元，这一地区的水神信仰呈现出独有的特征，下面主要从水神信仰类型、水神信仰对象、水神庙会、水神庙宇的分布空间等等来论述其特殊性。

第一节　五台山地区及其周边的水神信仰类型

五台山地区位于忻州地区的中东部，山西省的东北部，是一个典型的农业地区，尽管该地区是晋北水环境较好的区域，但由于该地气候干旱，用水矛盾极其突出，于是围绕水产生了一系列的信仰。明清以来“十年九旱”。“十年九不收”是当时该地农业生产的真实写照，面对频繁的旱灾，民众对水神的依赖较前代更甚，而且水神信仰的类型也较为庞杂，这在当时的碑刻资料中多有体现。

① 王涛．碑刻资料所见明清山西忻州地区民间信仰［J］．中国地方志，2011（6）：41-50.

一、对专职水神龙神的崇拜

在中国传统的民间信仰中，龙王是最大的雨神。以龙祈雨的习俗古已有之，唐宋时，龙在皇权的提携下被封以“王”爵，统一了中国民间信仰中的雨神系统，并成为中国雨神的正宗。[①]明清时期，由于气候渐趋干寒，农业用水矛盾更加突出，龙王信仰较以前更为兴盛，这在地处黄土高原之上“十年九旱”的忻州地区表现得尤为突出，仅笔者接触到的忻州地区碑刻资料就有20通明确提到龙王有行云布雨的功能，是人们祈雨的对象，涉及忻州地区的崞县（原平）[②]、宁武[③]、偏关[④]、保德[⑤]、河曲[⑥]、静乐[⑦]、五台[⑧]等地，通常是同一座龙王庙，民众重复修葺并为之立碑，如五台山地区的崞县五峰山圣母龙王庙，此庙修建于何时，已不得而知，但据《五峰山重修圣母龙王神庙记》记载该庙甚为灵验，水旱灾祸兼能转凶为吉，明成化壬寅（公元1482年）遭遇饥馑，

---

① 苑利．华北地区龙王庙主神龙王考［J］．西北民族学院学报（哲学社会科学版），2002（4）：37-42.

② 《五峰山重修圣母龙王神庙记》《重修五峰山圣母庙碑记》，两碑现存于五峰山寿宁寺；《重修五龙圣母歇马殿碑记》，碑现存原平市中阳乡南头村；《重修八龙王堂石鼓庙碑记》，碑现存原平市石鼓寺；《重修龙王庙碑记》，碑现存原平市碑林。

③ 《重修龙王庙碑记》，碑现存宁武县涔山乡大石洞村西300米处北天寺龙王庙遗址；《捐龙王庙碑记》，碑现存宁武县凤凰镇姜庄村西150处的龙王庙院内；《重修八龙庙龙神庙碑记》《重修八龙庙龙神庙碑序》，两碑现存宁武县石家庄镇川湖屯村西50米的八龙庙、龙神庙内；《南屯重修龙庙碑》，碑现存宁武县化北屯乡南屯村龙王庙院内。

④ 《重修白龙殿记》，碑现存偏关县城东北六里处的东山湾——白龙殿大雄宝殿檐下左边；《重修白龙洞佛殿罗汉殿碑记》，碑现存偏关城东五里处之云空寺（白龙殿）内；《寓龙洞碑》，碑现存偏关县龙营镇寓龙洞中；《新建青龙洞乐楼碑记》《创建青龙洞碑记》《青龙洞增新及补旧碑记》，引用自山西省忻州市政协文史委资料委员会编：《忻州文史》2009年第14辑，第739、773、783、787页。

⑤ 《东局龙王庙碑记》，碑现存保德县孙家沟乡东局村龙王庙侧门的墙阁内。

⑥ 《八龙爷碑记》碑现存河曲县阴塔乡李家沟村八龙爷庙前，青石质。

⑦ 《重修五龙圣母庙碑记》，碑现存静乐县赤泥洼乡龙家庄村（距城3.5公里）。

⑧ 山西省忻州市政协文史委资料委员会编．忻州文史（第14辑）［M］.2009：777.

崞县知县徐寿[1]率僚佐到该庙祈雨，当晚便应验；嘉靖年间，天旱，不能播种，县丞刘好善[2]率领官员来此求雨，无不应验。嘉靖七年（公元 1528 年）知县张表[3]更是来任之时便来此祭祀圣母龙王，并且把每年四月初八来此祭拜，定为常规。鉴于该庙十分灵验，民众感恩圣母龙王的庇佑，曾多次修葺，有确切时间记载的即有三次，一次是至顺元年（公元 1330 年）、一次是洪武十一年（公元 1378 年），另外一次是知县汪宪于嘉靖十年（公元 1531 年）修葺。由此可见该地官民对有专司雨职的龙神的崇拜。

无独有偶，位于忻州地区西部的偏关县，民众对龙神的崇拜也十分虔诚，如该地的青龙洞神堂，修建于道光四年（公元 1824 年），由于“四方祈雨者求必应”，乡人为感谢龙王的庇佑于道光十一年（公元 1831 年）又创建了青龙洞乐楼，尽管当时修建时运输木石水土十分艰难，但崇拜龙神的信众多出钱、出力，数月即建成。据《新建青龙洞乐楼碑记》记载当时青龙洞神堂的祭祀规模非常大，“每岁献戏时，男女云集，无远弗届地。虽荒丘，风景频添百倍”。在大清同治九年（公元 1870 年），当地民众又对年久失修的青龙洞再次实施了增新及补旧措施。

五台山地区及其周边之所以对龙神信仰如此虔诚，这与明清时候该地干旱少雨的大背景相吻合，相对于其他神灵而言，龙神在降雨中的主导作用是不容置疑的，正如偏关《重修白龙洞佛殿罗汉殿碑记》中提到的那样“白龙洞庙尤有急于常祠者，当旱既大甚之时，一经祈祷则甘雨普降矣”。

---

① 《五峰山重修圣母龙王神庙记》中的记载为“昌平徐功寿”，据乾隆《崞县志》卷二《职官》中记载可知徐寿是明代崞县的知县；另据《续修崞县志》卷四《职官志》中记载可知徐寿是直隶昌平州举人，十五年任。由此可推碑文中的提到的官员即是当时崞县的知县徐寿。

② 《五峰山重修圣母龙王神庙记》中的记载为“陕右刘公存善丞于我崞”，据乾隆《崞县志》卷二《职官》和《续修崞县志》卷四《职官志》中记载可知：刘好善，陕西监生，嘉靖四年任崞县县丞。

③ 《五峰山重修圣母龙王神庙记》中的记载：张公表来宰崞邑。据乾隆《崞县志》卷二《职官》和《续修崞县志》卷四《职官志》中记载可知张表是山东巨野县监生，嘉靖七年任崞县县令。

二、对山岳等自然水神的崇拜

古语曰：凡山川之神，皆能出云雨以福泽下土。在忻州地境，民众对自然水神的信仰十分突出，尤其是对山神的信仰。如定襄县的七岩山[①]，该山在宋时即被民众作为祈雨的对象，据记载定襄县常遭遇水旱灾害，而“郡侯致诚以祷，则时雨时阳，求辄如志”，因此，该地民众对此山山神十分崇拜。宋咸平四年（公元 1001 年），定襄县“自冬迄春，雨雪弗降”，太守率领官员前去七岩山虔诚祈雨，“及期，雨大至”。[②] 即是一例。

代县的北斗山，该山在宋、金、元时都有封号，分别为“顺德侯”“佑顺侯”“广佑灵应王”，由此可见民众对北斗山的崇拜。据《北斗山祈祷灵应神祠记》[③] 记载：明正德四年（公元 1509 年）冬至第二年夏四月未曾下雨，代县的民众十分恐慌，太守朱侯率官员、民众前往北斗山神祠拜祭祷雨，之后天降大雨。五月又不雨，民众又到北斗上神祠祝祷，“又辄雨”。

繁峙县的仰头山，也是有祷则雨。正德七年（公元 1512 年）夏，天大旱，“五台山普济寺下院柳峪庵僧人圆贵同横涧村善人李志全、耆民张礼等各发虔心，沐浴斋戒，谨备香纸，科头跣足，拜山峰塔前，不日而霖雨普降。”[④]

芦芽山位于宁武、五寨、岢岚县境内，由于该山祷雨灵验，每年五六月间，方圆百里的人都纷纷来芦芽山来求雨，据《芦芽山山神庙碑》[⑤] 记载：乾隆庚午（公元 1750 年）夏，五寨县境干旱少雨，应当地民众的请求，时任宁武府五寨县县令的秦雄褒，率领官员，前往芦芽山祷雨，“未越三日，澍雨大沛，槁禾皆□”。

此外五寨的东雪山“值岁，旱邑人祷雨于其地”[⑥]；代县的牛头山也能“兴

---

① 《七岩石惠应庙碑》位于定襄县城南九公里七岩山圣母洞口。

② 《七岩石娘子庙碑》位于定襄县城南九公里七岩山圣母洞口。

③ 郑肇经 . 中国水利史［M］. 长沙：商务印书馆，1939.

④ 《仰头山古传碑记》刻以明正德七年，今存繁峙县横涧乡仰头山普照寺院中，圆首，无座。

⑤ ［明］杨维岳 . 忻州志［Z］. 刻本，1608.

⑥ 《重修东雪山香火碑记》，碑现存五寨县东雪山寺，青石质。

云布雨，变凶为穰”，水旱之事，“祷于山泽之神，以请岁事之成也”[①]；代县的白仁岩“祷雨辄应，乡人赖之”[②]；崞县的天涯山“旱所祈必应”，能使“风调雨顺，时和岁丰”[③]，等等。

三、对历史名人兼职水神的崇拜

1、对治水官员的崇拜

明清忻州地区干旱少雨的境况更加严重，民众生活、生产用水量需求较大，传统意义上专司降雨职能的龙神已经不能满足需求，一些与水沾边的人物也纷纷加入了水神的行列。如宁武、静乐[④]的台骀神信仰，台骀神也称汾水神，台骀是上古金天氏少昊的后代，其父孙昧为玄冥师（水官），他子承父业任水官，因治理汾河水患有功，受到帝颛顼的嘉奖，被封为掌管汾州一带的地方官员，并受到当地沈、黄、蓐、姒四国的祭祀。

从《昌宁公冢庙记》[⑤]的碑文中可知台骀神作为水神有两个主要的职能，一是河神职能，“吾民之生，咸赖汾水之利，并水涯而居，未尝有泛滥之厄”，可见台骀神可以治理河水，因此在当时有“灵威着定河[⑥]”的称号；二是降雨职能，“仍岁遇旱，郡僚有祷必获嘉泽”，唐代令狐楚的《谢雨文》碑文和旧郡守贾公的《祷雨获应诗》等等都可作证。由于受到台骀神的庇佑恩泽，民众对台骀神的信仰十分虔诚，徐继畬在《修建汾源庙楼记》[⑦]提到：宁武的民众在道光六年（公元 1526 年）重修了台骀庙，“新建了正殿三间，上有楼

---

① ［清］曾国荃．山西通志［Z］．刻本，1892.

② ［清］安嘉士，王立爱，王时炯．定襄县志［Z］．刻本，1727.

③ 《重修石鼓大王庙记（一）》《重修石鼓大王庙记（二）》两碑现存原平市石鼓寺。

④ 民国《静乐县志》三卷《建置》。

⑤ 《昌宁公冢庙记》该碑现存宁武县石家庄镇阳房村东 100 处昌宁公冢庙院内。

⑥ 民国《静乐县志》二卷《山川》，古迹中提到少昊公昌宁公县北五十里定河沟中有墓，即台骀氏，因此“灵威着定河”可能与此有关。

⑦ ［清］方戊昌，方渊如．忻州志［Z］．刻本，1880.

阁一间，俱奉台骀神像”。

此外，河曲[①]的大禹的信仰也十分兴盛，现在每年的农历七月十五还举行祭禹活动和规模较大的河灯盛会。

2、对英雄人物的崇拜

忻州地区在历史上与北方强大的游牧民族为邻，双方交往频繁，再加上该地区属于边防重镇，往往处于战争状态，所以民众形成习武风气和尚武精神，与此相对应的是民间信仰中英雄崇拜盛行，如晋国赵武、汉代的李牧[②]、唐代的李靖。明清时期，一些历史英雄人物也加入了水神的行列，如赵武信仰，据《藏山大王碑记》记载：该神为“五岳神耳，降灵于周定时晋大夫家，姓赵氏”，他是庇护一方的神灵，有求必应，“曩者，旱魃为虐民心惮，暑如炎如焚，推干中谷；五峰翠灭，万井红炉，流金烁土，焦禾杀嫁……”，正当旱灾严重时，“王忽申精变异，出其明爽，诉于上帝，沛以江湖甘霖，一洒渥润百里”，这才使万物起死回生。由此可见，赵武作为民众信仰的神灵，有降水的功能。

再如唐代名将李靖，据原平清代康熙五十年《重修唐卫国公庙》[③]碑记记载：“奉天□施雨泽利□生□□矣。”乾隆元年（公元 1736 年）《重修灵□主李卫公祠碑记》[④]也提到：“崞邑之班政存有唐卫公祠庙，为其里□神……而旱干□□□有祷辄应。”从以上两则碑文可知，李靖此时已经在施行水神的职能。

四、对地方神祇、宗教人物兼职水神的崇拜

一些没有降水职能的人格神，有时也有降水的职能。如社区神城隍，城隍作为地方的神祇，主要职能是守护城池，如宁武，此地作为边防要地，官

① 同治《河曲县志》卷三《庙宇类》。

② 《将军碑记》，碑存五台县将军庙；《题李将军庙碑》，碑现存陵川县东掌村。

③ 该碑现存原平市碑林，系在岩石上直接刊刻，青石质。

④ 该碑现存原平市碑林，系在岩石上直接刊刻，青石质。

民对城隍信仰十分突出，正如明弘治八年（公元 1495 年），兵备副使胡汉在《城隍庙碑记》[①]所说“宁武为边塞扼要之地，官军、商贾、人民之所萃集，倚城隍以成守，而衣食者哉！”除此之外，城隍也兼司水神的角色，是民众祈雨的对象，“弘治癸丑（公元 1493 年）夏，不雨。予尝告于庙，二日而雨；是年冬不雪，复告于庙，五日而雪”。

宗教神灵也有降水的功能，如忻州地区民众普遍敬奉的道教神灵——玉皇，崞县上武阳村玉皇庙[②]，“乡人每岁取水于兹而祀之，凡以祈丰年、禳亢旱也”，宁武县[③]“今盛夏焊既太甚人，背皇然共叹，禾苗之枯槁。而凶荒复见矣，然而覆物育物，天固以好生为心，乃克有济合社举行其事”。此外，观音等一些佛教的神灵因其大慈大悲、普度众生、拯救苍生的性格，也被赋予降水的职能，成为民众祷雨的对象，如五寨县五佛寺村去五佛寺求雨，“正德七年旱乡人祈雨行香于寺”；繁峙县狮子窟的神仙有“行且澍甘露于十方的功能”，原平的文殊菩萨“水旱疾疫有祷必应”，宁武县的万佛洞也是“护国庇民，祷祝万疆于万寿，慈云法雨，顺成有象于一方云”。由此可见，原本不属于水神系统的宗教神灵，这时也有行云布雨的功能。

五、对本地传奇人物的崇拜

一些人既不是宗教人物，也不是英雄，但因为他们有一些与众不同的表现，故也演化为民间崇拜对象。如平原的五峰山圣母信仰，关于圣母娘娘的历来，有两种说法，“或曰母，畅氏贤女，士人立祠致敬，后值天旱祷雨而应，曾为母修祖坟以报之。或曰非也，本即龙宫圣母也，要其出灵降雨，泽被生灵，

---

① ［清］李鸿章，黄彭年．畿辅通志［Z］．刻本，1884.

② ［清］何才价，杨笃．繁峙县志［Z］．刻本，1881.

③ 《重修北天寺玉皇庙碣石记》，碑现存民国十五年，现存于宁武县涔山乡大石洞村西 300 米处的玉皇庙正殿内，碑为长方型，平头，青石质。

有祷即应，历着灵爽。”[①]另据《重修歇马殿碑记》[②]记载，圣母是崞县人，“已许聘辛庄村赵氏子矣，及笄日捻白棉线数百尺，一日吞之忽吐而飞天……直抵五峰，遂坐而化，肉身今存”。由以上记载可知，五峰山圣母有双重身份，一是龙神，一是崞县本地人，而在民众眼里，圣母的真正是谁已不重要，关键的是他在实际功能如何？五峰圣母庙“祷旱则雨、告涝则晴，禳灾则息，无求不得，有感辄应”[③]。所以民众对五峰山圣母十分崇拜，既是她是凡人，也不例外，这一方面说明水神信仰对象从神灵到凡人的转变，一方面也体现了民众的功利化倾向。

六、结语

通过上面的分析，可以得出以下几点认识：

首先，明清以来五台山地区及其周边的水神信仰具有多样性和广泛性的特点。水神信仰类型庞杂，除了传统的龙神外，山神、历史名人、地方神祇、宗教人物、本土人士都加入水神的行列，这充分说明水神信仰对象的多样性。而且水神信仰在地域上较为广泛，遍及各地，如原平、宁武、偏关、保德、河曲、静乐、五台、五寨、繁峙、代县等地都有不同类型的水神信仰。

其次，明清以来五台山地区的水神信仰具有自发性、功利性和农事性的特点。明清时期，五台山地区“十年九旱”，农业生产受到了极大的限制，而农业丰收与否，直接关系到民众的切身利益，甚至直接威胁生命，因此与其他的民间信仰相比，水神信仰有一个突出的特点就是农事性。从上面的碑刻资料中，也可以看出来，每当农作物急需用水，而天气却干旱少雨的时候，民众就祷雨于水神。在这个过程中，不仅普通民众参与祷雨活动，地方官员

① 《重修五峰山圣母庙牌楼碑记》，碑立于原平市五峰山寿宁寺，系在岩石上直接镌刻，碑面清楚，青石质。

② 该碑位于原平市中阳乡南村，系在岩石上直接镌刻。碑面基本清楚，青石质。

③ 《重修五龙圣母歇马殿碑记》该碑立于原平市中阳乡南头村，青石质。

乜积极参加，如崞县，1482年遭遇饥馑，知县徐寿率僚佐到五峰山圣母龙王神祈雨；嘉靖年间，天旱，不能播种，县丞刘好善也率领官员来此求雨，如果说前两次祷雨是官员为崞县的民众着想的，那么1528年，知县张表继任之初便来此祭祀圣母龙王，就很难与民众联系起来了，应该更多的是考虑他的仕途。由此可见，无论是官还是民，都是从自己的实际利益出发的，而且都是自发性的。

再次，明清以来五台山地区的水神信仰与其他民间信仰杂糅在一起。水神信仰和其他的民间信仰没有明确的界限，往往是同一座庙宇在供奉其他的神灵的同时也在祭祀龙王，繁峙县的“永清寺建于清乾隆年间，有庙祀关圣，居正殿三间。前院干隅祀龙王、艮隅祀马王”[①]；其他地区如河曲的护宁寺，据《重修护宁寺碑记》[②]记载，该寺庙内有“正殿、东西殿、南殿、伽蓝、观音庙”，寺外左右所列分别有“河神、龙王庙”等；偏关民众在清道光十五年在重修千佛寺时也提到“修葺娘娘、观音、龙王、马王、关帝诸庙，一齐焕然一新”[③]，等等。而且这些神灵也兼职降水，如前面提到的道教人物玉皇、佛教中的菩萨等等。这也说明明清以来民众对水的需求量较大，而传统专司雨职的龙神已经不能满足民众的需求，其他神灵也就是在这时被赋予了降水功能。

第二节　水神信仰对象的演变逻辑（以崞县五峰山圣母信仰为例）

水神信仰是民间信仰的重要组成部分，鉴于水与农业之间的关系，水神在传统农业社会中的地位往往凌驾于其他民间神灵之上，上至官府下至民间，

① 《改建永清寺关帝庙碑》，该碑现存繁峙县城关镇笔锋村永清寺旧址。

② 山西省忻州市政协文史委资料委员会编．忻州文史・古碑文录之二（13辑）［Z］.2009：533.

③ 《重修庄子寺村千佛寺碑志》，该碑现存偏关县千佛寺。

对水神都十分崇拜，直到近代社会，水神信仰仍然有顽强的生命力。解释其内在的机制和动力应该放在区域发展演变的复杂动态中去，以山西崞县五峰山圣母信仰为个案探讨明清以来水神信仰的对象的演变及其内在逻辑，对于认清水神信仰与地方社会之间的互动关系有重要的意义。

一、五峰山圣母及其人格化过程

五峰山是五台山的余脉，因山有五峰而得名，据乾隆《崞县志》卷一《山川》记载，该地“高耸排列松柏万千”，西邻滹沱河，环境优美，风光秀丽，其中圣母羽化成仙的中锋，因山下“土岗横亘，形类犀角，下流滹沱，似人伏枕而卧者中锋”，旧志称其为“地角枕流”，为崞县八景之一。圣母庙居中峰，为五台山寿宁寺下院[①]，五峰山庙宇香火鼎盛时，东峰有漱玉泉、南峰有冥府殿，西峰有梵王宫，北峰有水草庙，有“小五台”的美名。

五峰山圣母庙是当地香火最旺的寺庙，据清咸丰二年《五峰山重修碑记》记载“每岁四月初六，俗传为胜会之辰。士女还愿奔者、走者、驱车策马而来者，莫不争先恐后也，至初八御祭而续至，非有功于斯民，曷克臻此”[②]，当地民众对圣母的崇拜可见一斑。但关于圣母的来历，民间说法不一，笔者在研究过程中发现明清时期五峰山圣母的形象经历了从正统的雨神龙神向贤人转变的过程。

（一）明代正统雨神——龙神时期

众所周知，龙神是道教信仰中的象征性资源，而五峰圣母依托的崞县寿宁寺，是五台山寿宁寺的下院，按理说龙神堂而皇之地出现在佛教寺院，有违常理。如何解释，据考五台山有龙宫圣堆名娑婆寺，供奉的即是龙宫圣母，之所以会出现这种情况，《清凉山志》卷之三《五峰灵迹·娑婆寺》记载：“高

---

① 山西省忻州市政协文史资料委员会 . 忻州文史·古碑文录之一（第 12 辑）［Z］.2009：46.

② 山西省忻州市政协文史资料委员会 . 忻州文史·古碑文录之四（第 15 辑）［Z］.2009：1200.

齐释玄赜卓庵于此。诵华严，有妇携子，数来听经，赜疑之。妇即知其疑，告曰：‘师莫疑，我名娑婆，乃龙母也。因闻法得悟，我将脱是类矣。’赜曰：‘孰当信汝耶？’妇指龙池曰：‘我若真悟无生者，此之深陂，涌成高阜。’言讫，随手而起，即成高阜，妇即化去。后人目其阜，名龙宫圣堆。玄赜于此建寺，名曰娑婆，龙母名也。”[①] 据龙母娑婆因听诵华严经而悟化成佛可知，龙神之所以会出现在佛教寺院，是因为龙神已被纳入佛神信仰体系之下，由此推测五峰山圣母庙供奉的也应是龙宫圣母。另外，传说中五峰山圣母在明朝时也被封为“龙宫圣母”，也就是说五峰山圣母最初的形象为龙王。

民间对五峰山圣母的身份说法不尽相同，但可以肯定的是五峰山圣母有降雨的功能，而龙王是传统的专职雨神，因此五峰山圣母的形象是龙王，也是顺理成章的。事实上，五峰山圣母在明代也是以龙王形象出现的，在明嘉靖十年（1531 年）重修圣母庙提的碑刻名《五峰山重修圣母龙王庙碑记》[②]，隆庆二年（1568 年）重修大阳乡南头、上庄村歇马殿时提的碑刻名《重修五龙圣母歇马殿碑记》[③] 可知，当时人认可的圣母身份是龙神；明嘉靖二十三年《重修五峰山圣母庙碑记》中提到“麓之中有庙也，曰“圣母”，则中座，列左右者，谓之龙神”，推知在当时民众心中的圣母的形象依然是龙王。从当时民众的诉求“民遇水旱灾患，必积成恳告吁祷，必千救济转凶为吉，亦必有其验也”[④] 可知五峰圣母施行的也是龙神的职能。明成化壬寅，崞县境内遭遇饥馑，知县徐寿率僚佐到圣母庙求雨，祈祷至深夜，“雨足，苗之枯槁者复荣，土培者速出”。嘉靖年间，天旱不能播种，县丞刘好善率领官员“列行而行衣帽神，求告扣衣脱履往滹沱”，行之中途，雨泽即至[⑤]。嘉靖二十三

① 故宫博物院 . 清凉山志三种［M］. 海口：海南出版社，2001：27.

② 《重修五龙圣母歇马殿碑记》，该碑立于原平市五峰山寿宁寺，系在岩石上直接镌刻。

③ 《重修五龙圣母歇马殿碑记》，该碑立于原平市中阳乡南头村，青石质。

④ 山西省忻州市政协文史资料委员会 . 忻州文史・古碑文录之一（第 12 辑）［Z］.2009：41.

⑤ 山西省忻州市政协文史资料委员会 . 忻州文史・古碑文录之一（第 12 辑）［Z］.2009：41-42.

年（1544年），春夏干旱，知县史渔“率僚佐士夫史耆，祷宿祠下，朝夕惟寅”，[①]雨泽如期而至，连下三日。

（二）清代由龙神向贤人转型时期

清代五峰山圣母的身份发生了变化，据清道光五年《重修五峰山圣母庙牌楼碑记》中关于五峰圣母的由来有两种说法一种是畅氏贤女，一种是龙宫圣母。尽管碑文中提到圣母有两种身份，其实当时民众更认可圣母是畅氏贤女的身份，而且有畅氏羽化成仙的传说，这在当时的碑刻和县志中都有记录。据清乾隆十三年（1748年）《重修歇马殿碑记》[②]记载，“圣母畅氏世居崞之班政，已许聘辛庄村赵氏子矣，及笄日捻白棉线数百尺，一日吞之忽吐而飞天。母时梳发方半，披发随之至此地，有车辙马迹，后人因为立庙塑像。前至一村，其母始结其发，因名挽头村，后人亦为立庙塑像。直抵五峰，遂坐而化，肉身今存”。此时，畅氏由凡入圣，羽化成仙的过程已经栩栩如生。

据之后修于清光绪八年（1874年）的《续修崞县志》卷六《人物志下·仙释》记载“五峰山圣母班政村畅氏女也，已许聘赵氏子年及笄日捻白棉线积千百丈尽吞之，一日梳发方半，忽闻天乐声，女趋出吐线飞扬空中即随其线飞举也，至一村挽其发今挽头寺即其处，抵五峰山瞑目而化，人为立庙，祀之遇旱祷雨辄应，元时敕封为金天圣母。”对比二者发现，前后120多年间，对于圣母畅氏的传说大致相同，唯一不同的是后者对畅氏作为圣母的身份给予了肯定“元时敕封为金天圣母”，而且在光绪《续修崞县志》卷一《舆地志·陵墓》中还记载“金天圣母畅家祖茔，在县北三十里下班政村南”。从中不难发现关于圣母畅氏的来历在清后期越来越详细、具体。圣母的形象从龙神逐渐转变成崞县当地的畅氏，其形象由抽象到具体，到清末关于五峰山圣母龙神的身份已在史料中看不到了，在记录圣母庙的时候“皆以为班政畅氏化身于此”做注解，由此可见关于五峰山圣母的身份在清代有明显的转变。

---

① 山西省忻州市政协文史资料委员会．忻州文史·古碑文录之一（第12辑）［Z］.2009：47.

② 该碑位于原平市中阳乡南村，系在岩石上直接镌刻。碑面基本清楚，青石质。

（三）清末以来贤人地方化时期

清末崞县境内的五峰山圣母在清代“畅氏贤女”的蓝本下地方化特征更加明显，现在原平境内流传的“线娘娘”传说是在清代“畅氏贤女”传说的基础上演化而来的。关于线娘娘的传说有几个版本，尽管每个版本叙述不尽相同，但主要内容大致相同即五峰山圣母畅氏的形象更加具体化，而且有了详细的生平。

清末以来，五峰山圣母的名称逐渐被更加通俗化的线娘娘所取代，究其原因可能与传说中畅氏贤女平日喜捻白线、吞吐白线羽化有关①。在线娘娘传说中，其生平较之前更加具体。线娘娘，辽金时期人，因出生时金光入室，满屋生香，故起名虹仙。此女自幼聪明，但六岁丧母，由神山村的外祖父康济仁夫妇抚养。到谈婚论嫁的时候，虹仙已经是一位“饱读诗书，诵读佛经，而且医术高明”，远近闻名的贤女了，因许聘的辛庄赵家不如意，所以在迎娶之日，虹仙口含捻线飞抵五峰山羽化成仙。线娘娘作为地方神，在当地的影响力较大，从1936年前的古庙会可知，崞县境内祭祀圣母、麻线娘娘的庙会有井沟村农历四月初六举办的五峰山庙会、神山村农历五月二十日举办麻线娘娘庙会②、辛庄村农历六月二十二日举办的圣母庙会。

线娘娘的福泽不仅仅在崞县境内，甚至上升到国家。传说“线娘娘”登入仙境之后，受过三次皇帝的敕封：金代被封为“金天圣母”、明朝被封为“龙宫圣母”、清朝康熙皇帝封她为“五峰圣母”。尤其是在清代，据说线娘娘曾显灵救助康熙后，康熙亲自前往五峰山朝拜，敕封“线娘娘”为“五峰圣母”，并亲自书写了“五峰化宇”四个大字，而且每年阴历四月初六日五峰山庙会时，崞县县令受命，要代皇帝到会降香祭奠。由此可见，在民间传说中，线娘娘的地方神地位逐渐得到统治者的认同，而且享受到国家正祀的待遇。

---

① 畅氏女也因其捻线精美，人们把她尊为“线娘娘”，每年四月初六，五峰山过庙会，正是线娘娘出嫁那天。

② 该庙会始于清道光年间，清末民初仪式隆重，规模庞大。

二、五峰山圣母形象演变过程中的特点

明清时期五峰圣母形象逐渐由传统的雨神龙王演变为地方贤人，其地位由传统的国家祭祀下降到地方祭祀，之后其地方神的地位又得到国家的认可，享受国家正祀的待遇。五峰圣母形象演变过程有两条主线：一是自上而下的信仰体系，一是自下而上的信仰体系，两条线相互衔接，共同建构了五峰圣母的正祀地位。其演变过程中的特点较为显著：

（一）信仰内容由国家控制走向地方自主化

明清政府对民间信仰的态度遵循“以神道设教”的原则，对祭祀的对象及其礼仪都有相关的规定，在明朝洪武元年，命中书省下郡县访求应祀神祇。“名山大川，圣帝明主、忠臣烈士，凡有功于国家及惠爱在民者，着于祀典，令有司岁时致祭。二年又昭天下神祇，常有功德于民，事迹昭著者，虽不致祭祀，禁人毁撤祠宇。三年定诸神封号，凡后世溢美之称皆革去。天下神祠不应祀典者，即淫祠也，有司无得致祭”[①]。明清政府对民间信仰的态度取舍于价值是否有利于政府对民众的控制，价值一致即被承认并被纳入官方祭祀体系；价值相违背，就会成为政府打击、摧毁的对象，此外，还有一种介于两者之间的，政府会允许其存在，但会对其加强监控。

明清时期，五峰山圣母信仰的对象由传统的具有兴云布雨的龙神演变为具有同样功能且有所扩大的地方贤女线娘娘，其信仰内容发生了巨大的变化。龙神是古代国家祀典制度中的重要神灵，民众祭祀龙神，符合当时官方的祭祀系统，但线娘娘是地方贤士羽化后的神灵，是否能够进入官方祭祀系统，按照明太祖在洪武元年对诸神祠的规定，五峰山圣母形象演变为“皆以为班政畅氏化身”后，“邑之人遇旱则祷，祷则应，应则祀，祀则庙，庙则神……

① （清）张廷玉．明史（卷五十）：礼四［M］．上海：中华书局，1974：1306.

则瞻谒者有所凭依而祀之，传于历代祷之”[①]，由此可见，线娘娘能够恩泽苍生，符合进入正祀的条件。

鉴于民众对五峰山圣母信仰的虔诚，官府对五峰山圣母信仰较为重视，即使在五峰山圣母形象在民间演变为畅氏贤女线娘娘以后也没有改变，而且承认了地方化的五峰山圣母信仰的合法性，据清道光十四年（1834 年）《五峰山复兴碑记》记载“五峰山寿宁寺者……所以为谕祭之神山也……谕祭之重知其有功于朝廷堪大”，清道光二十年《五峰山重修各祠碑记》也记载到：“山有圣母庙，为谕祭尊神”[②]。地方政府立碑书石五峰山圣母，也说明政府对龙王信仰内容的控制不再拘泥于表面形式，表现得更加务实，五峰山圣母形象从龙王转变为羽化了的地方贤女即是如此。

（二）信仰对象由模糊转向具体化

明清时期五峰山圣母信仰的对象发生了很大的变化：从龙王演变为凡人，其形象由模糊变得具体。龙王是传说中能够兴云布雨的雨神，在传统的农业社会中龙王信仰较为普遍，大大小小的龙王庙随处可见，尤其是在干旱少雨的年份，民众对龙王的依赖程度更是达到了极点，但龙王的形象是世人在龙形象的基础上构造出来，其相貌异于常人，世人对龙王多敬畏甚至是恐惧，因此传说中龙王与世人交流的方式主要通过神人互换即龙王演化为人，如五台山的娑婆龙王即化作一妇人去听悟佛法。

明清以来，随着晋北环境的恶化，民众对水的需求更甚，使得水神信仰的功利性更强，与此同时，政府对民间信仰中有功于民、有功于国家的给予认可，正是在这两种环境双重作用下，民众不断对五峰山圣母形象进行改造，逐渐赋予她人的品格和形象，使其符合自己的需要。从清中期民众为五峰山圣母所立碑记，不难看出当时圣母已经有龙王和凡人两种身份，而当时民间更加认可圣母是地方畅氏贤女的身份。到清后期，碑刻中已经没有龙王的痕

---

① 山西省忻州市政协文史资料委员会．忻州文史·古碑文录之四（第 15 辑）［Z］.2009：1200.

② 张占生．五峰圣境［Z］．山西省内部图书，2011：112.

迹了，关于圣母畅氏的记载也越来详细，不仅对其羽化成仙的过程有描述，而且完善了圣母的生平，称圣母在元时被敕封为金天圣母，甚至连“金天圣母畅家祖茔”也有了准确的位置，“在县北三十里下班政村南”。清末以来，当地民众对在清代“畅氏贤女”的基础上演绎了“线娘娘”传说，把线娘娘的成长经历世俗化，增加世人对善恶美丑的认识，同时也利用元明清三代的册封，尤其渲染了清代的册封，是因为线娘娘显灵救助康熙有功，借此拔高了线娘娘的社会地位。至此，官民都认可的世俗中所有美好形象化身的水神线娘娘被塑造出来了。

（三）信仰主体进一步明确化

五峰山圣母栖身的圣母祠创建于何时，“考诸志及旧的碑，失其创建之始，所纪不实”，已经无从考证。从圣母祠所在的寿宁寺寺内所存的几个唐代滴水和数个巨形唐代雕花柱基石，以及唐代诗人李昂所写的咏五峰山诗文，推断寿宁寺为唐代所建，圣母祠也有可能是唐代建立的，但目前最早的文献记载是至元十六年（1279 年）曾重修圣母祠，后历朝历代多次重修：

元朝分别于大德四年（1300 年）、至顺元年（1330 年）、元统三年（1335 年）重修圣母祠。

明朝分别于洪武十一年（1378 年）、嘉靖十年（1531 年）、嘉靖十三年（1534 年）、嘉靖十八年（1539 年）、嘉靖二十三年（1544 年）、明成化年间（1465 ～ 1487 年）、万历二十五年（1597 年）多次重修缮圣母祠。

清朝分别于康熙四十一年（1702 年）、康熙五十七年（1718 年），康熙六十一年（1722 年）、雍正三年（1725 年）、乾隆四年（1739 年）、乾隆九年（1744 年）、乾隆三十六年至三十七年（1771 ～ 1772 年）、嘉庆二年（1797 年）、道光五年（1880 年）、道光十三至十四年（1833 ～ 1834 年）、道光十九至二十年（1839 ～ 1840 年）、咸丰二年（1852 年）、同治九年至同治十二年（1870 ~ 1873 年）[①]。

虽然元明清三代对五峰山圣母祠有不同程度的修葺，但重修庙宇的倡导者的身份主要有三种，分别从以碑记中记载的次数的多少来排列：

一是当地望族，如大阳村张氏，“去县治而东十里曰大阳村，居之望曰大阳村”，曾多次修建五峰山各庙宇。张氏先人在五峰山建有育圣宫，据记载，大阳村张氏曾多次修建五峰山各庙宇，如在清朝建立到乾隆三十七年间（1636 ~ 1772 年），就有六次张氏主导参与的修缮五峰山各庙的记录[②]，如康熙五十七年至六十一年痒生张因中，举人张守谦率其族人大兴工程，重修五峰山五大庙。白石村兰氏也是当地的大族，嘉靖十八年（1539 年）兰氏十世祖在圣母庙庙门外建大牌楼一座；万历二十五年（1597 年）兰氏七世祖在石头阶尽处建小牌楼一座；清道光五年（1880 年）兰氏族众重修了两座牌楼，并在大牌楼上加挂立匾一具，名曰“敕封圣母”。

二是寺院僧侣，由僧侣主持修缮寺庙是建立在当地士绅民众支持的基础上进行的，如嘉靖十年（1531 年）寺僧道显募捐，乡人出钱出力相继助缘才得以重修圣母祠；再如道光十三年至十四年（1887 ~ 1888 年）寺僧祖亿在“公议禀知李公立”“王董、河头、大营村举监生员百余人”的举荐下，复兴五峰山庙宇，同样道光十九至二十年（1839 ~ 1840 年）寺僧祖亿依赖“数村助缘人”及募化四方所得钱财等才得以修复圣母祠。

三是官府，由官府直接倡导的记载较少，但是成效较为显著。如嘉靖二十三年（1544 年），在崞县知县史渔“出俸若干，为之倡导”的修缮五峰圣母庙中，不仅“其僚佐士夫从而和之”，崞县境内“邑之耆庶，闻风踊跃，

① 以上数据出自明嘉靖十年的《五峰山重修圣母龙王庙碑记》、嘉靖二十三年的《重修五峰山圣母庙碑记》、康熙六十一年的《重修五峰山各祠碑》、乾隆三十七年的《五峰山历年修建各庙宇碑记》、清嘉庆二年的《五峰山重修碑记》、清道光五年的《重修五峰山圣母庙牌楼碑记》、清道光十四年《五峰山复兴碑记》、道光二十年《五峰山各祠碑记》、清咸丰二年《五峰山重修碑记》、清同治十二年《重修五峰山各庙碑记》十通碑记中。

② 张占生 . 五峰圣境［Z］. 山西省内部图书，2011：112.

富者施赀，贫者效力。”[①] 呈现出一派上下齐心共筑圣母庙的景象，从八月十一日至十月十五日，仅仅两个月时间就完成了对圣母庙的修缮工作，可见在官府的倡导下，圣母信仰会形成高度的凝聚力，而且在圣母信仰的旗帜引领下，民众参与积极性较高。除此之外，官府也有出钱、出力来支持庙宇修葺的记录。[②]

综上，明清五峰山圣母信仰的主体进一步明确化，在寺院僧侣的极力宣扬下，圣母信仰在当地影响较广，广大民众对圣母较为崇拜，对其灵验程度深信不疑，当地的大家族甚至介入圣母庙的修建等庙事来提高家族威望，进而引导民情。鉴于五峰山圣母信仰群体较为稳定，在崞县境内有举足轻重的作用，“祀典所在，官民是尊，凡祷则应，孰敢不敬？”[③] 官府对其较为重视，大力支持以张氏族人为主的对寺庙的修缮活动，以期其对官府治理崞境发挥作用。

（四）信仰地域范围逐渐固化

五峰山圣母信仰鼎盛时期，崞县境内官民都十分崇拜圣母，明成化年间知县徐寿、明嘉靖年间县丞刘存善等在治理崞县时，带领在官人员拜求圣母恩泽雨露，雨期如约而至，民众对圣母的灵验深信不疑，以至于嘉靖七年（1528年）知县张表初来崞县时即率僚属于四月初八奉神五峰山，由此可见当时崞县境内对圣母崇拜之胜。但随着五峰山圣母身份的转变，其地方化特色尤为突出，与此同时其信仰的地域范围逐渐缩小，呈现出固化的特点，尤其是清后期，从当时修缮圣母庙的助缘人及纠首书院董事所在的村落范围即可窥见一斑。

清道光二十年《五峰山重修各祠碑记》中助缘人涉及的村庄有王董堡、河头、辛庄、白石河东、张村、井沟村、南头村、磨头村，武彦村、大营村；

① 山西省忻州市政协文史资料委员会．忻州文史·古碑文录之一（第 12 辑）［Z］.2009：47.

② 山西省忻州市政协文史资料委员会．忻州文史·古碑文录之一（第 12 辑）［Z］.2009：193.

③ 山西省忻州市政协文史资料委员会．忻州文史·古碑文录之一（第 12 辑）［Z］.2009：48.

大清咸丰二年《五峰山重修碑记》中纠首书院董事所在的村庄有井沟村、南头村、野庄、河东村、辛庄村；大清同治二十年《重修五峰山各庙碑记》中纠首书院董事所在的村庄有辛庄村、井沟村、南头村、野庄村。

五峰山圣母信仰的范围从明代的崞县全境缩小到地方一隅，从清代中期崞县境内的滹沱河两岸退缩到清末张氏、兰氏所掌控的区域即今天的中阳乡、白石乡一带，之后又退缩到“线娘娘”传说中涉及的几个村落，如井沟村、神山村、辛庄村，而传说中线娘娘的出生地班政铺村也退出了信仰圈。另外，1936 年前祭祀圣母麻线娘娘的古庙会有井沟村的五峰山庙会、神山村的麻线娘娘庙会、辛庄村的圣母庙会，这也说明五峰山圣母信仰在清末以来出现了核心地域信仰圈，地域固化明显。

三、五峰山圣母形象演变过程中的内在逻辑

（一）经济基础变化是决定信仰形象变迁的根本原因

明清时期是我国商品经济有较大发展的时期，其最大的影响是导致社会阶层的流动性和多变性。在商品经济发展的大环境下，中国小农经济中的小商品经济活跃起来，其普遍性的运动导致当时的社会经济结构发生了巨大的变化。明清时期，商业资本渗透到农村，直接控制和支配小农经济的商品生产，导致小农经济进一步分化。另外，明清时期随着人口的不断增加，耕地面积严重不足，尤其是乾隆中叶以后，人地矛盾更加突出，使得小农业的规模越来越小，更加容易受到外来因素的影响，地瘠民贫的晋地即在此背景下出现了晋商的兴盛。随着商品经济的发展，传统社会结构“士农工商”出现了异动，商人的社会地位逐渐提高，最突出的是在清末绅士与商人合流形成一个新阶层——绅商，在这种大环境下，小商品经济更加活跃，表现在农业生产上更加功利化。

崞县是晋商驼道中转站之一，受商品经济影响较大，而五峰山圣母所依托圣母庙所辐射范围主要在滹沱河沿岸，历来也是商业繁荣之地，由此可以

推断该地民众的观念更加功利化，在旱灾频发的年份，这种利益诉求被无限的放大，直至被诉求的对象按照民众的要求完成转变，圣母的形象从龙神变为地方贤士即遵循了这样的规律。大阳村张氏作为当地望族，在塑造圣母形象过程中起了重要作用，尤其是在清中叶，当五峰山寺庙的山厂田亩编入大阳村张姓里甲之后。而国家也在不影响对地方控制的条件下，默认了圣母身份的变化，这归根到底是经济在起作用。

（二）自然环境变迁是信仰对象具体化的外在推动力量

在明清小冰期背景下，北方的气候变得异常的寒冷干燥，晋北黄土高原脆弱的生态环境进一步恶化，崞县就是该区域典型的代表，境内旱灾频繁发生，从明清县志记载的自然灾害类型发生的频率即可看出，旱灾 22 次、水灾 6 次、雹灾 6 次、风灾 5 次、严重霜灾 3 次、大地震 3 次[①]，即使在崞县境内水环境较好的滹沱河流域，人水矛盾也比较突出。就崞县境内的旱灾而言，近代之前总共有 30 次[②]严重旱灾的记录，明清之前只有 8 次，剩下的 22 次都出现在明清时期，分别为明洪武二年（1369 年）、明洪武九年（1376 年）、明洪武十年（1377 年）、明洪武三十二年（1399 年）、明天顺元年至二年（1457-1458 年）、明成化二十年（1484 年）、明弘治二年（1489 年）、明弘治八年（1495 年）、明弘治十五（1502 年）、明万历十三年（1585 年）、明万历十八年（1590 年）、明万历二十九年（1601 年）、明万历三十年（1602 年）、明万历三十七年（1609 年）、清康熙十九年（1680 年），清乾隆十年（1745 年），乾隆十三年（1748 年）、乾隆五十年（1785 年）、道光十七年（1837 年）、清光绪三年（1877 年）、清光绪五年（1879 年）、清光绪十八年（1892 年）。

明清时期五峰山圣母形象就是在这种背景下逐渐发生转变的，从前文提到的当时官民对圣母庙修缮的时间可知主要集中在明清时期，与此相对应的是五峰山圣母的形象从龙神演变为地方贤人，尤其是清中期以来，圣母形象

① 原平县志编纂委员会．原平县志［M］．北京：中国科学技术出版社，1991：53-63.

② 原平县志编纂委员会．原平县志［M］．北京：中国科学技术出版社，1991：53.

地方特征更为明显，从神圣高大、形象模糊的龙神到亲民爱民、形象具体的“线娘娘”，而且对于圣母娘娘的传说也逐渐加入当地民众的世俗观念，这种变化也说明在人水矛盾恶化时，民众对水的诉求更加功利化，已经不在乎水神的形象身份了，更加注重水神的功效。在这种利益的驱使下，民众对水神的形象进行了改造，不仅神通广大，而且形象更加亲民化。

（三）社会结构变革是信仰主体明确化的催化剂

在明清社会结构演变的过程中，绅士集团在基层社会控制的地位和功能日益凸显。绅士最初仅指中举的人，后来扩展至生员，近代以来，绅士发展成为一个称谓概念：“无论出仕未仕”一概为绅士①。在封建社会中，由于官员的回避制和更换制，使得地方官对所治理区域的风土民情了解较少，鉴于官民身份悬殊，需要借助第三种力量来完成官、民之间的互动，此时绅士集团就显得尤为重要。尽管绅士集团成分复杂，但他们都有封建社会认可的顶戴身份，而且绅士在民间社会中的地位较高，“世之有绅衿也，因身为一乡之望，而为百姓所宜矜式，所赖保护者也”②，绅士这种特殊的身份和地位使其在封建秩序中作用较大，某种程度上说，地方政权与民间社会之间的相互作用与影响都是通过绅士集团来完成的。换句话说官府对县以下的基层控制只能通过绅士才能发生作用。

明清以来，国家不断给予绅士特殊的政治、经济、文化权利，借此来控制绅士和绅士乡村“自治”。尤其是清末以来，绅士地方“自治”的权力因国家权力削弱、政府职能萎缩而扩大，其凭借对文化资源的垄断，获得对礼的解释权，掌控了对社会伦理秩序的支配权，进而巩固了他们的乡土权威。在明清时期五峰山圣母修缮过程中，当地望族大阳村的张氏出力较多，据该村《世广之家・家史传记》③记载从明洪武中期至清朝末年，张氏一族共历

---

① 乔志强．中国近代社会史［M］．北京：人民出版社，1992：170.

② 《绅衿论》，同治壬申五月一日《申报》．

③ 杨晋生．历史文化名乡中阳乡［N］．山西日报，2004-3-30.

十六世，其中有资可证博取功名者共计332人，而科甲出身的进士和举人就多达二十九名，清光绪《续修崞县志·人物》中张氏一族三十九人有传[①]，由此可见张氏一族在当地的社会地位较高。张氏一族对当地五峰山文化资源的涉入，主要是在清中叶以后“山厂田亩编入大阳村张姓里甲之后，庙宇之增建补修亦张氏合族任之”[②]，当地民众对五峰山圣母信仰主要依赖张氏的礼法解释，而地方官府也通过张氏对当地实施有效管理，由此也说明清中叶以来，张氏家族的社会地位越来越高，对基层社会的有效控制使其成为五峰山圣母信仰的引领者。

（四）信仰范围固化是历史合力的最终结果

历史合力论，即合力论，认为各种因素相互作用的历史合力是社会发展的终极原因，其中经济因素起决定作用，而在具体历史时期具体起主导作用的因素是可变的。圣母庙所在的五峰山较为偏僻，但由于该庙是崞县滹沱河东岸百姓祈雨祷福的地方，所以千百年来此地香烟缭绕，佛事繁盛[③]，这也说明五峰山圣母信仰在当地社会中的重要地位。明清时期随着商品经的发展，五峰山圣母形象演变为地方贤士，圣母地方化神灵形象的逐渐完善，其信仰的范围也逐渐固化。之所以会出现这种变化，究其原因，主要是明清时期商品经济的繁荣促使小农经济出现分化的结果，其中起主要作用的是地方秩序在重新建构中的需要。

五峰山圣母身份是龙神时，理应享受国家正祀的待遇，崞县境内官民崇拜也在情理之中，当五峰山圣母身份是乡贤时，由于其在传说中有功于民，所以其地位也得到当时官府的承认，但就信仰的地域范围而言，逐渐缩小至境内中部滹沱河沿岸，最后固化到线娘娘传说中涉及的区域。在圣母信仰固化的区域内，较有名望的家族是大阳村望族张氏、白石村兰氏，这两大家族

① （清）赵冠卿，龙朝言.续修崞县志（卷五）：人物志（上）［M］.刻本，1882：1-32.

② （清）赵冠卿，龙朝言.续修崞县志（卷五）：人物志（上）［M］.刻本，1882：110.

③ 林东威.一个无名的无法描述的小庙宇［N］.中国日报（外文版），1989-4-7.

是本区域内的绅士集团，曾多次修葺过圣母庙，他们对本地域的控制也是在垄断五峰山庙宇中完成的，圣母在完成亲民形象转变过程中，张氏、兰氏的引导和教化作用不可低估。如雍正元年“兰畹生妻张氏捐建瓦房四间，宁谷六十石，春出秋入，以济贫民，县合匾奖其义。”[①]近代以来，兰氏家族中的两位高僧崇厚和尚（俗名叫兰玉同）、清如和尚（俗名兰巨禄）对寿宁寺的重建做出了巨大贡献。

第三节 五台山佛教信仰中的水崇拜

水是人类社会不可或缺的资源，它不仅制约民众的生产、生活，而且民众对水的诉求，还上升到精神领域——水神信仰，这在很多地方都是普遍的现象，但在佛教圣地五台山，水在其中又有着特殊的功能，清代以来，随着当地水环境的恶化，水在佛教信仰中的地位不断加强。

一、佛教仪式中的水

在佛教寺庙中有很多重要的节日，其中与水有关的重要节日如佛诞节又称为浴佛节，据佛经所讲，释迦牟尼诞生时，一手指天，一手指地，似有所示，惊动了难陀龙王和伏波难陀龙王，二位龙王见是太子出世，于是派九龙口吐清水，为太子沐浴身体。后来在佛祖涅槃后，佛教徒为纪念他，便在他诞辰这天，举行浴佛仪式，逐渐形成浴佛节。随着印度佛教的传入，佛教习俗也随着传入中国，并逐渐兴盛起来，其中汉族地区把佛诞节定为农历四月初八日，每年的这天，五台山的佛教寺院都会举行浴佛斋会，请出“太子佛像”，进行浴佛。在《佛说浴像功德经》有详细的浴佛仪规，其中要以诸香煎制的香水灌浴佛身，之后以净水淋洗，而浴佛后的水便成了吉祥水，僧人们会用

---

① （清）邵丰鍭，顾弼．崞县志（卷二）：公署［M］．刻本，1757：3.

双指蘸水给头上洒几滴，以增福慧，剩下的水被四向泼洒，以示福泽四方。

水陆法会（水陆道场或水陆斋）是以超度一切水陆亡魂而设，因以供饮食为主，而且须将饮食撒在陆地与河流湖海中，故称得名。水陆大法会举办时间较长，各种佛教法事仪式全，参加人数众多，是佛教中较大的节日。五台山佛寺举办水陆法会历史悠久，至今仍在举办①。在水陆法会的7天道场基本活动中，与水相关，如在第一天会用“法水”遍洒戒坛，使其成为净土；第二天会给水陆画中所绘的法力超群的诸佛、菩萨、道教诸仙等上堂安排浴盆香水沐浴；第四天，为从地面和水中请来的神灵及待超荐六道众生沐浴；第六天，主法亲视下堂，前往放生。其中生活在水中的生物鱼等即被放回水中。七昼夜佛事活动结束时，将超度的水陆亡灵送至附近的清水河上，此时的清水河就成为超度亡灵通向到极乐世界的通道。

二、水被赋予了药用的功效

据调查五台山周围的泉水资源比较丰富，大部分水质为重碳酸盐型，它含有多种人体所必需的微量元素，但在技术不发达的古代，对水的这种药用功效的认识主要靠世人的经验及传播。五台山佛教信仰历史悠久，信徒众多，遍布全国，对五台山这种有药用价值的水的宣传，影响巨大，使五台山的泉水赢得了“圣水”的桂冠。史料中对五台山的泉水的功效也记载有奇妙的“身世”传说。

般若泉，位于五台山台怀镇梵仙山下，殊象寺旁。《清凉山志》记载：“般若泉，大塔前左畔，唐僧慧潜结庵于此，日课《金刚经》，久之，庵侧涌泉，因为名，饮者生慧。”“般若”一词为梵语，意为智慧。在历史上，般若泉水被佛家和善男信女尊为“圣水”，多做入朝贡品。明代五台山高僧觉玄和尚曾咏诗赞曰：“般若池边止渴时，山瓢一吸乐何止。尘尘烦恼俱消歇，无

① 1935年至1994年，因各种原因未再举办。1994年，碧山寺住持妙江法师在五台山佛教协会支持下，恢复举办水陆大法会。

限清凉说向谁。”[①]清康熙皇帝五度巡台，非般若泉不饮。乾隆六度巡临，对般若泉水赞叹不已，曾亲笔作诗立碑称赞：“般若卓锡漩漪罗，甘露水涤茶锅，金沙酿液除百病。”所以历代僧侣来山朝圣，都要取般若泉水敬佛治病[②]。据测定，般若泉及其附近十几眼泉水含有十四种人体所必需的微量化学元素，常饮对心脑血管和神经系统的疾病具有一定的预防和治疗的功效。

温汤寺亦名温泉寺[③]，传说是五王子所建，年代不详，但他之所以建寺，《广清凉传卷上·释五台诸寺方所七》中有提及“昔五王子者……宿植善根，得为王子。又缘恶业，染伽摩罗疾，乃迁入山，于此温泉澡浴，疾遂痊愈，身复轻安。造寺住持，因温汤为号”[④]。白水池，在楼观谷后，其泉若乳，山人多取洗眼。雨花诗中对白水池的功效有称赞：“五郎沟下卧残碑，一径斜通白水池。雨歇空山澄罔象，风生曲岸动涟漪。银沙布底月来处，雪浪滔天云起时。到此君应怀藻鉴，洗清法眼是便宜。”，觉玄诗对其水的颜色也有描述“江汉微茫尚炳灵，一泓池水自澄渟。溶溶淡染秋光白，想是仙家玉液醽”。[⑤]《广清凉传卷下·灵异藁木二十二》中也称赞白水池的水“色如酥酪，味如甘露。人饮其水，肌肤润泽，若常服之，令人难老”。

三、传说中诸佛生活用水的地方

随着佛教的世俗化、功利化，佛在世人眼中的神圣地位逐渐下降，虽仍

---

① 《清凉山志·卷二五峰灵迹》，引自赵林恩点校．（明）释镇澄撰．清凉山志［Z］．北京：宗教文化出版社，2014：46.

② 五台县志编纂委员会编．五台县志［Z］．太原：山西人民出版社，1988：114.

③ 《清凉山志·卷三诸寺名迹》：“温泉寺 台东南五十余里。古传昔有王者婴疾，至是就浴，疾差，因建寺”。

④ 《广清凉传卷上·释五台诸寺方所七》，引自常峥嵘、冯大北点校．清凉三传（宛委别藏本）［Z］．北京：宗教文化出版社，2014：73.

⑤ 《清凉山志·卷二五峰灵迹》，引自赵林恩点校．（明）释镇澄撰．清凉山志［Z］．北京：宗教文化出版社，2014：40.

被世人奉为神灵，但除了一些准则性的约束外，佛的生活习性已与凡人无疑，因此，在五台山有很多有水的地方，被世人认为是诸佛等神灵生活用水的地方。太华池，被认为是圣人盥漱之处，“周回三十八步，水深一尺四寸，前后感者，或深或浅不同，其水清澈凝映，未尝减竭，皆以为圣人盥漱之处，故往还者多以香花财贿投之供养。”[①]唐《传》：“水深丈余，古今见者，深浅不定。临池鉴影，令心划然。”明沙门镇澄诗曰：“灵沼开云际，泠泠下翠微。虚涵千嶂碧，影落四天辉。曾盥仙人掌，还停客子机。登临春欲尽，花雨晓霏霏。”[②]清代以来，世人更是对此更是多有附会。

玉花寺，亦名万寿寺，中台东南麓，据《清凉山志卷第二·第三五峰灵迹》记载“昔有五百梵僧于此过夏，白莲生池，坚莹若玉。代牧砌之，志曰玉花。觉玄诗：何代池开白玉花，香风拂拂散天涯。云行尊者飞空去，万古芳声不浪跨。”[③]也因此，以玉花为名。寺的创建年代不详，明代改为万寿寺。有明弘治八年（1495 年）重修碑和明天顺二年（1458 年）的勅谕碑记。天顺二年五月二十八日吉立的皇帝勅谕略曰：朕维如来之教，清净圆明，慈悲利济，所以阴翊皇度，觉悟群迷者也。自昔有国家者，皆尊崇其教。矧五台山乃名胜之地，古刹所在，我朝尝于此山建立寺庙，俾僧徒居住，以为祈福之所云。另外，（明）释镇澄撰的《清凉山志·卷三诸寺名迹》对此也有记载，“隋有五百应真栖此，龙神修供。有骡数十匹，不用人驱，自能入市运粮，朝去暮归，率以为常，过夏俱隐。是时白莲生池，坚莹若玉，日乃烁。代牧砌其池，志曰玉花。国朝改建万寿。”清附会了明代的这一说法，《钦定清凉山志·卷十九国朝艺文》：“东南麓有万寿寺，即玉华寺。隋时五百应真栖此，有骡

① 《古清凉传卷上·封域礼数二》，引自常峥嵘、冯大北点校.清凉三传（宛委别藏本）［Z］.北京：宗教文化出版社，2014：4.

② 《清凉山志·卷二五峰灵迹》，引自赵林恩点校.（明）释镇澄撰.清凉山志［Z］.北京：宗教文化出版社，2014：50.

③ 《清凉山志·卷二五峰灵迹》，引自赵林恩点校.（明）释镇澄撰.清凉山志［Z］.北京：宗教文化出版社，2014：49.

数十匹，不用人驰，能入市运粮，过夏輙隐。是时白莲生池，坚莹若玉，七日乃烁。代州守甃为池，志曰玉华。今有铁罗汉五百躯，各具山林潇洒之相。漱玉华泉，清冷独异。”

万圣澡浴池，位于中、北二台之间，古有涌泉，澄洁可爱。“游人临之，于天光云影之间，或见天仙、沙门、莲花、锡杖之状，人或以为菩萨盥掌之所”，因此四方的民众，“于盛暑时，多持香花、拭巾而投之”。后人凿方为砌，构亭藏之，而灵相遂隐焉。觉玄诗称赞其为“六月中台既望期，圣凡交会在斯时。想应千佛同来此，一夜云生澡浴池。正秀诗：一池清且浅，甘洁胜璃浆。能洗愚痴垢，还生定慧香。光浮千界白，色暎四天苍。无以凡情测，神哉不可量。”[①]

此外，西台文殊洗钵池位于台东北谷，传说“昔有白发母洗钵于此，僧明信问其故，曰中台乞食而来。言讫忽隐，唯见光暎林谷”。[②]北台的玉泉，位于楼观谷口，无着见化人于此饮牛[③]。北台的九女泉，在台后七里，传说曾有九仙女在此浣衣而得名。[④]

四、祈雨灵验的水

祈雨，又叫求雨，一般认为其是围绕着农业生产、祈禳丰收的巫术活动，但其在生产力低下的农业社会中，却有着慰藉心灵、凝聚人心的作用，尤其是在旱灾严重的地区。五台山特殊的自然环境，导致其有着与众不同的气候

① 《清凉山志·卷二五峰灵迹》，引自赵林恩点校.（明）释镇澄撰.清凉山志［Z］.北京：宗教文化出版社，2014：49、50.

② 《清凉山志·卷二五峰灵迹》，引自赵林恩点校.（明）释镇澄撰.清凉山志［Z］.北京：宗教文化出版社，2014：35.

③ 《清凉山志·卷二五峰灵迹》，引自赵林恩点校.（明）释镇澄撰.清凉山志［Z］.北京：宗教文化出版社，2014：41.

④ 《清凉山志·卷二五峰灵迹》，引自赵林恩点校.（明）释镇澄撰.清凉山志［Z］.北京：宗教文化出版社，2014：42.

特征，而这正好与祈雨灵验吻合，尤其是在明清以来皇权介入后，其成为维护封建制度的一种政治手段，祈雨灵验在全国的宣传力度逐渐加大，世人逐渐认同在五台山祈雨是为国为民。

早在唐代，五台山境域的官府即在此祈雨，据说唐开元中，代州大旱，都督薛徽就曾祷雨于太华池，并“命僧讽《华严》，以合香枝洒净。满七日，大雨千里，徧闻合香。是年大稔”。[①] 宋代，张商英（亦名张商英）曾奉旨以政府官员的身份，来五台山祈雨“夏六月，以并亢旱，诣山祈求雨泽，因安奉罗睺菩萨圣像”[②]，“己巳夏六月，以并属亢旱，复诣山祈求雨泽，并安奉罗睺寺菩萨圣像”[③]。《清凉山志·卷五名公外护·张无尽传》对此有详细的记载:“是行也，既以亢旱祈雨，在山三祷三应，但须臾即霁。癸丑，还至代州，大雨弥日，将槁之苗，变为丰岁。商英即以其事奏闻。其略曰：臣近以本路亢旱，躬诣五台山文殊像前及五龙池祈求雨泽。昼夜所接，灵光焰焰，殊形异相，赫奕显耀，莫可名状。是时四方僧俗千余人同共瞻覩，欢呼之声震动山谷。已而时雨大降，弥覆数州。臣之始往，草木萎悴，农夫愁叹。及其归也，木麻荞菽，青绿生动，村落讴歌，指候大稔。此盖朝廷有道，众圣垂佑，有司推行诏条，布之于名山异境，其应如响。”[④]

其实，在宋代，五台山已被当作皇家祈雨之处，与东西北岳等名山并称。如“丁巳，诏：河北、京东、河东、陕西久不雨，可分遣礼官祷于东西北岳、五台山。”又如宋元祐五年（1090 年），冬春无雨，宋哲宗遣礼官于五台山开启谢雨道场，时任尚书左丞的苏颂作《台山等处谢雨斋文》，其曰“惟善

---

① 《清凉山志·卷第九异众感通传》，引自赵林恩点校.（明）释镇澄撰.清凉山志［Z］.北京：宗教文化出版社，2014：231.

② 《清凉山志·卷五名公外护·张无尽传》，引自赵林恩点校.（明）释镇澄撰.清凉山志［Z］.北京：宗教文化出版社，2014：116.

③ 《清凉山新志·卷五外护·张商英》，转引自常峥嵘点校.（清）老藏丹巴撰.清凉山新志［Z］.北京：宗教文化出版社，2014：108.

④ 清凉山志·卷五名公外护·张无尽传，引自赵林恩点校.（明）释镇澄撰.清凉山志［Z］.北京：宗教文化出版社，2014：118、119.

应之无方，召至和而来格。雷雨作解，获沾足于农畴；力穑有秋，遂慰安于民望”，希望文殊能招来祥和之气，普降甘霖，给辛苦劳作的百姓一个好年景。

明正德皇帝朱厚照在《五台山广宗寺碑文》中指出：“五台山僧寺，系我圣朝供奉道场，俾番汉僧徒居住，此为祈祝之所。”将五台山由重要寺院上升为国家道场，为皇家祈福祈寿，消灾免难；为百姓祈福祈雨，求国泰民安。明朝皇帝多次遣太监诣五台山，修无遮斋，作祝延圣寿道场。帝王祈福的另一目的，就是为百姓祈福，求国泰民安。如清顺治十二年（1665 年）在五台山修建祝国佑民道场四十日，二年后（1667 年），又在五台山修建祝国佑民道场百日。康熙三十七年（1698 年），建护国裕民道场三日等。作为皇家祈福的国家道场，五台山的名声越来越显赫，其重要地位日益得以巩固[①]。

五、水神龙王被纳入佛教信仰体系

龙神是道教信仰中的象征性资源，在中国古代民间传说中，龙往往具有降雨的神性。后来佛教传入中国，在本土化过程中逐渐将龙纳入其信仰体系之下，唐宋以来，帝王封五龙神为王，从此，龙王成为兴云布雨的神。作为雨神的龙王，在五台山的佛教庙宇中随处可见。如龙洞，在秘魔岩。恳祷则龙现，见者非一。再如娑婆寺即是以传说中的龙母娑婆命名的。传说，“北齐释玄赜卓庵于此，诵《华严》。有妇携子，数来听经。赜疑之，女即知其疑，告曰：师莫疑，我名娑婆，乃龙母也。因闻法得悟，我将脱是类矣。赜曰：孰当信汝耶。母指龙池曰：我若真悟无生者，此之深陂，涌成高阜。言讫，随手而起，即成高阜，龙即化去。后人目其阜名龙宫圣堆。玄赜于此建寺，名曰娑婆，龙母名也。”[②]镇澄诗曰：“华座巍巍树影重，白云不散讲时钟。龙闻了义乘通去，梵宇犹存翠霭中。”

---

① 张静．历代帝王与五台山佛教［J］．五台山研究，2016（3）：37-40.

② 《清凉山志・卷三诸寺名迹》，引自赵林恩点校．（明）释镇澄撰．清凉山志［Z］．北京：宗教文化出版社，2014：75 页

再如黑龙池，亦名金井池。侧有龙王祠，四方民祷雨辄应。西陵丘坦之诗：一片黄沙起，山川总不分。满空飞乱石，四谷合乌云。莫是龙王怒，疑从虎口闻。春光已三月，犹自雪纷纷。镇澄诗：万丈峰头金井开，醍醐甘露谩相猜。龙王神力难思议，一滴能令徧九垓[①]。

还有关于五龙王的传说[②]，五台山万佛阁坐北向南的正殿是龙王殿，殿内供奉五龙王，俗称五爷。龙王兄弟五人，老大蓝脸，老二白脸，老三红脸，老四黄脸，老五是黑脸，相传，五爷是文殊菩萨的化身，所以黑脸变成了金脸。五爷头戴金冠，身穿龙袍，殿前抱厦两侧放置銮驾 12 件，气氛威严而隆重。五龙王为什么会身穿龙袍呢？传说，在康熙年间，五爷曾接过驾，所以康熙皇帝敕赐他一件龙袍。相传，康熙皇帝到五台山巡游，从龙泉关翻过长城岭，看金鸟两坠，日将西沉，突然狂风大作，天昏地暗，因而迷失了方向。接着又是山呼林啸，地动山摇，令人胆战心惊，康熙的护驾侍卫把圣祖围在中间。康熙和他的随从们个个惊恐万状、束手无策。就在这班人马慌作一团，无计可施之际。忽听前面有人高声喊道：“我主莫慌，卑职前来接驾。”康熙在天昏地暗中看不见接驾者为何人，便问“汝是何方使者、前来救朕？”“我是万佛阁龙王殿老五。”来者间答。康熙口降谕旨：“汝能为朕除险，安抵行宫，定封公侯。”五爷答道：“谢主隆恩，请随我来。”就这样，康熙一行安抵台麓寺行宫。第二天，康熙一行到达五台山，命侍从将一件龙袍赐给万佛阁五爷，以褒奖其接驾引路之功。从此，五爷身穿龙袍端坐殿中。五爷灵验的传说也流传开来。再说五龙王本住在北台顶黑龙他，被封为广济龙王，专施耕云播雨。当地百姓还在北台顶盖了一座龙王庙。遇到天旱年间，人们到五龙王庙祭祀祈雨，有求必应。

另外，李相之《五台山游记》也对当时他看到的万佛阁有详细的描述：“万佛阁位于塔院寺的东南，是塔院寺的属庙，现时庙宇多为清代所建。东

---

① 《清凉山志・卷二五峰灵迹》，引自赵林恩点校 .（明）释镇澄撰 . 清凉山志［Z］. 北京：宗教文化出版社，2014：37-38.

② 侯文正主编 . 五台山志 . 太原：山西人民出版社 .2003：424.

面有三间三檐歇山顶佛殿一座，上下塑的佛像有一万尊，故名万佛阁。大殿里供的五龙王像一尊，是金脸，头上戴的沙帽，身上穿的黄缎绞龙袍……西半还供的六尊龙王，背后供的龙母，墙上画的龙王图案，也很讲究……在供桌上的黄缎围裙上做的字是布祥云降甘雨六字……殿上和卷棚内挂的求雨祝福的牌匾满满的，不暇全录，今将其重要的记上几块，以供读者参观。第一面牌曰普降甘霖，是民国十二年春月大国师章嘉佛叩敬的。柱子上的瓦联曰：雷动电发，四埜桑麻皆秀生。雨施云行，万顷禾黍滋黎民。是民国十二年释子圣杰叩敬的。卷棚下的牌曰光明遍照，是民国三十三年黄钟谷旦显通寺合寺僧人叩敬的。威灵普护，是民国二十二年梅月谷旦五台山三街和青黄两僧仝敬的。还有泽宣三晋、六穗告登等牌很多，不详记了。在柱上的瓦联曰：岁稔时和，升平泰象。云兴雨润，变化干龙。还有一面牌曰神兴期护，是山西陆军第五师第九团的军官佐于民国二十年梅月上浣杨维垣等叩敬的。柱子上还有付瓦联曰：甘雨和风，滋百谷以盈百室。殷雷激电，鼓万物而洽万民。又曰：铁面无私，常向人间施甘雨。婆心在时，推行野外润嘉禾”。从民国人二李相之的描述中，我们不难看出，当时民众对水的渴望，以及对诸佛神灵的诉求，尤其是对专司雨职的龙神。此外，李相之《五台山游记》中也多次提及他在五台山其他庙宇中看到的关于龙神的景象，如在黛螺顶“有北殿五间，是龙王庙，挂的一面黑底金字牌，大书四字曰泽润生民。进了庙内，中间塑的龙宫圣母，两旁五个龙王以次而坐，还塑的风婆、雨施爷、雷神、电神等像很多”。

此外，还有一些民间信仰与佛教传说融合在一起，其中比较典型的是五台山大建安的伏水会。大建安村位于五台山脚下，由于其地缘位置较五台山较近，其民间信仰受五台山佛教的影响较大，伏水会是当地有名的古会，祭祀对象是民间传说中专司雨职的龙王，但鉴于雨神龙王被纳入佛教信仰体系，因此，大建安村的伏水会本身就兼具民间信仰和佛教信仰的特征，这与当时不断恶化的水环境有很大的关系。民间传说有在一定程度可以说是民间集体记忆的结晶，因此有其客观性，民间关于伏水会的传说在很大程度上证明了这一点。相传在很久以前，大建安村及其周边发生了特大旱灾，给民众的生活带来了严重的灾难，虽然有朝廷的赈灾，但杯水车薪。该村的一个神婆在梦中得到神的启示，得知村子大旱的原因是因为村子里的百姓在平时过时过节对龙王爷有点怠慢，惹怒了龙王，大旱是龙王爷在惩罚无知的百姓，如果以后还如此对待龙王，将会有更大的灾难降临，于是大建安村的官员组织地主、乡绅等人来商讨此事，最后决定在暑伏日向龙王谢罪，请求龙王法外开恩，原谅百姓的无知，广布甘霖，救百姓于水火。之所以选择暑伏日与民众的功利性诉求有很大关系，民众认为暑伏时期是庄稼最需要雨水的时候，但往往这时雨水供不应求。据说那天当民众刚祭拜完龙王爷，天上就乌云密布，下了一场及时雨。此后，当地民众对龙王托梦之事深信不疑，再加上现实中的农业需求，逐步形成了祭拜龙王伏水会，该庙会在明清至民初非常兴盛。

伏水会是以祈雨为主的一种水神信仰活动，后来在佛教文化的影响下，逐渐融入佛教传说元素。在文殊菩萨巧借歇龙石的佛教传说影响下，伏水会的龙王发生了变化，从最初村里的龙王，变为一个体系，其将被文殊菩萨降服的五兄弟加入伏水会的祭拜行列，将五兄弟按年龄大小称为大龙王、二龙王、三龙王、四龙王、五龙王。据说五台山以前的天气是冬天寒风凛冽，夏季酷暑少雨，百姓苦不堪言，于是民众祈求文殊菩萨救民于水火。文殊菩萨为了当地民众，化身老者去东海龙王那里借歇龙石，龙王以歇龙石是自己从海底打捞上来，用于五个儿子施云布雨回来后乘凉歇息所用，不能随便借出。在文殊菩萨的再三劝说下，龙王只好答应，但见其是一个老者，于是出了一个难题，只要他能搬动歇龙石，就借给他。于是，文殊菩萨施展法术，将歇龙石变成了一个小石子，然后带走。后东海龙王的五个儿子回来后听说歇龙石被文殊菩萨借走，大为恼火，于是五兄弟来到五台山向文殊菩萨讨还歇龙石，并将五台山的五个最高峰扫成了平台，后被文殊菩萨降服后，分住在被他们扫平的五峰平台上，专管五台山的施云布雨，造福当地百姓。相传五龙王是五兄弟中法力最高的，但脾气是兄弟五人中最暴躁的一个，一不高兴就给当地下冰雹，给当地百姓带来不少的灾难。大建安村在伏水会中为了管住五龙王暴躁的性格，将五龙王的母亲龙母也加入了祭拜的行列，这才形成了完善的伏水会水神信仰体系。这与五台县的自然灾害旱灾、雹灾有很大的关系，其中雹灾是五台县仅次于旱灾的第二大灾害，其成灾特点是时间短，来势凶猛，强度大，而且伴有雷雨大风，时间主要集中在6至8月，这些都与民众举办伏水会的功利性诉求一一对应。

除了以上这些佛教信仰中的水崇拜外，还有一些诸佛与恶劣的水环境斗争的传说，《五台山游记·镇海寺》中提及镇海寺，传说是佛爷五处之一，其寺“坐西向东，宗的西台的脉，面向东台，北台是它的青龙山，南台是它的白虎山，这是从大处和远处观看。若从小处和近处观看，这个寺院为五台山最有景致的一座寺院。此寺背靠一座大山，这座大山支开三道脉，向东拖下来的是正面，北面的山向东南转，南面的山向东北拐，两端环抱回来。两个山尾好像蜈蚣的前趾，相去不过二十余步，中间一道山尾拖下来，恰好拖在两山环抱之间，寺院就修在距山尾一里余的地方。左右皆沟，沟内都有泉水，临出口时，会在一处，中间坐的一个寺院，好似二龙戏珠的样子。传言在此寺内有一个海眼，口面直径二尺有余，海眼里的水若要流出，即将附近的峪道沟地方都变成海，人民便不能居住，地土也不能耕种。佛见此水太大，恐害人民，就坐化在此，镇守这个海眼。因之修起寺院，名为镇海寺”。卓锡泉，在兰若寺，传说寺内僧道取水困难，其诚心感动感动佛祖而来。“唐初，僧道贤缚茅藏修，每下涧汲水，往反甚艰。偶客僧至，沐浴，贤数汲涧下。明日僧浣衣，贤再汲不厌。半途失跌破缾，更取别器汲之，略无怠色。僧曰：子诚矣。即卓锡庵前，命贤拔之，不出。僧弹指，锡飞泉涌，僧即随去。”①

① 《清凉山志·卷二五峰灵迹》，引自赵林恩点校．（明）释镇澄撰．清凉山志［Z］．北京：宗教文化出版社，2014：42.

第四节 盂县藏山大王信仰的内核转变

按五台山的山脉走势，盂县也是五台山地区所触及的地方，盂县藏山坐落在太行山西麓，位于今山西省阳泉市盂县苌池镇，原名盂山，后因春秋时期程婴和赵氏孤儿赵武在此藏匿十五年而得名，后世因其是赵孤、程婴、公孙杵臼亡匿之所建祠而祀之，并围绕藏山神祠逐渐演化成独具特色的藏山忠义文化，成为中国传统文化的一个重要组成部分，清以来，藏山忠义文化的地位下降，逐渐成为民间信仰的重要组成部分，尤其是清代以来，藏山大王俨然成为一个专司雨职的水神形象。

一、藏山大王信仰的缘起——“赵氏孤儿”传说

关于“赵氏孤儿”的传说在春秋战国时期，尚未成型，虽然在《左传》出现了传说的原型人物——赵武，但记述的情节侧重君臣争权的惨烈现实“赵氏族灭”的前因后果，至司马迁的《史记·赵世家》才有了完整的“赵氏孤儿”记载，涉及的重要人物韩厥、屠岸贾、公孙杵臼、程婴一一登场，“救孤”过程也随之展开：晋景公之三年，大夫屠岸贾欲诛赵氏……韩厥告赵朔趣亡。朔不肯，曰：“子必不绝赵祀，朔死不恨。”韩厥许诺，称疾不出。贾不请而擅与诸将攻赵氏于下宫，杀赵朔、赵同、赵括、赵婴齐，皆灭其族。赵朔妻成公姊，有遗腹，走公宫匿……屠岸贾闻之，索于宫中……已脱，程婴谓公孙杵臼曰：“今一索不得，后必且复索之，奈何？”公孙杵臼曰：“立孤与死，孰难？”程婴曰：“死易，立孤难耳。”公孙杵臼曰：“赵氏先君遇子厚，子强为其难者，吾为其易者，请先死。”乃二人谋取他人婴儿负之……诸将不许，遂杀杵臼与孤儿。诸将以为赵氏孤儿良已死，皆喜。然赵氏真孤乃反在，程婴卒与俱匿山中。居十五年，晋景公疾，卜之：大业之后不遂者

为祟……召赵武、程婴，遍拜诸将，遂反与程婴、赵武攻屠岸贾，灭其族。复与赵武田邑如故……及赵武冠，为成人，程婴乃辞诸大夫……遂自杀。赵武服齐衰三年，为之祭邑，春秋祠之，世世勿绝。① 此后，刘向《新序·节士》《说苑·复恩》对其中内容进行丰富和完善。再后来，关于赵氏孤儿的故事基本上是以《史记·赵世家》中的记载为版本撰写的。

后世学者尽管从史学角度考证，质疑《史记·赵世家》的真实性，如对于程婴”、“公孙杵臼”的忠义行为，如（宋）洪迈《容斋随笔·程婴杵臼》认为“《春秋》于鲁成公八年……婴、杵臼之事，乃战国侠士刺客所为，春秋时风俗无此也”②。清代学者梁玉绳在《史记志疑》卷二十三（“晋景公三年”条）中也认为“匿孤报德，视死如归，乃战国侠士刺客所为，春秋之世无此风俗。则斯事固妄诞不可信。而所谓屠岸贾、程婴、杵臼，恐亦无其人也……史公爱奇述之” ③ 等等。退一步讲，即使是“救孤”中两位主人公是虚构的，而从司马迁附会给他们的侠士的行为来看，司马迁对视死如归的精神是推崇备至的，而“赵氏孤儿”传说中的故事情节涉及的“忠义”行为也为世人称颂。

山西盂县藏山位于太行山西麓，据金代大定十二年（公元 1172 年），盂县县令智楫在《神泉里藏山庙记》中的记载“藏山之迹乃赵朔友人程公藏遗孤之处也” ④，这是迄今发现的我国现存有关“赵氏孤儿”传说最早的民间文字记录。藏山得名也源于赵氏孤儿，“后人因名其曰藏山，以藏孤得名也。”在《神泉里藏山庙记》里关于“赵氏孤儿”的故事版本主要来源于《史记·赵世家》，其碑文明确提到“公姓程名婴，家世史不载而后世无闻，行事见于《赵世家》也”。

---

① 司马迁．史记（三家注本）［M］．北京：中华书局出版社，1959：1782-1785.

② ［宋］洪迈．文白对照全译容斋随笔［M］．郑州：中州古籍出版社，1994：222.

③ 梁玉绳．史记质疑［M］．北京：中华书局出版社，1981：1051.

④ 金代大定 12 年（公元 1172 年）盂县县令智楫为重修藏山祠而建，经修复现存于阳泉市博物馆，是现存最早记载藏山及“赵氏孤儿传说”的碑刻。

二、碑刻记忆：藏山大王信仰的内核转变

藏山作为赵氏孤儿传说之地，其忠义文化一直源远流长。但在千年的历史长河中，其信仰的核心不仅仅是忠义，最迟在金代，藏山大王信仰的功能已经开始向水神转变，《神泉里藏山神庙记》和《神泉里藏山神庙记》对金人前往藏山神庙祈雨有详细的记载。清代以来藏山大王信仰信仰逐渐世俗化，信仰内核多样化，但水神是其主要的职能。下面对藏山大王信仰的内核转变有详细的论述。

（一）最初的价值追求

藏山大王信仰最初的核心是赵氏孤儿蕴含的忠义思想，忠义思想是儒家文化的重要组成部分，何为忠义，在儒家经典里有不少有关于“忠”与“义”的阐述。孔子释“行”时提到“言忠信，行笃敬”①，讲“仁”时则言“居处恭，执事敬，与人忠”②，评“政”时曰“居之无倦，行之以忠”；提“友”时曾说“忠告而善道之”③，并把“为人谋而不忠乎”作为一日三省的基本。孟子谈到“友”时也有“教人以善谓之忠”④的说法。这都说明在儒家思想中，把“忠”作为行为和道德的准则。所谓“义者，宜也”⑤，是指思想行为符合正义或道德规范的行为标准。孔子所谓“隐居以求志，行义以达道”⑥，把“行义”与“达道”联系起来，“义”作为一种观念范畴，被赋予了较高的价值地位；孟子则格外重视“义”，提倡“舍生取义”的大无畏精神，提到“仁，人之安宅也；义，人之正路也。旷安宅而不居，舍正路而不由，哀哉！”⑦，

---

① 杨伯峻．论语［M］．北京：中华书局，2006：78.

② 杨伯峻．论语［M］．北京：中华书局，2006：56.

③ 杨伯峻．论语［M］．北京：中华书局，2006：51.

④ 杨伯峻．孟子译注［M］．北京：中华书局，2008：40.

⑤ 孙希旦．礼记集解［M］．北京：中华书局，1989：113.

⑥ 杨伯峻．论语［M］．北京：中华书局，2006：73.

⑦ 杨伯峻．孟子译注［M］．北京：中华书局，2008：50.

要求人们“居仁由义”[①]，“仁”“义”并重。

表4.1　赵氏孤儿中的“忠义”行为

	屠岸贾（反派）	韩厥（正面）	公孙杵臼（正面）	程婴（正面）
关系	赵氏灭族元凶	赵对韩有提携之恩[②]	赵朔客	赵朔友
忠义行为	屠岸贾搜捕孤儿赵武晋灵公报仇，报答晋灵公的宠遇之恩	赵氏被诛前送信给赵朔。受赵氏所托“不绝赵祀”。十五年后，谋立赵武，实现承诺。	在救孤行动中，与程婴合谋，为存孤而殒命。践行与程殷的约定。“赵氏先君遇子厚，子强为其难者，吾为其易者，请先死。”	在与程殷合谋救孤后，带孤儿赵武隐藏山中十五年，在赵武复位后，践行与程殷的承诺，自杀而亡。
结果	孤儿赵武长大后“赵武服齐衰三年，为之祭邑，春秋祠之，世世勿绝”。			

儒家的这种“忠义”观，其思想内涵就是忠贞正义的为人之道，包括了诚而不欺、与人为善、先人后己、助人为乐等内涵。正是因为“赵氏之先有仁爱乎，有遗德乎”程婴，而他也没有因为利益出卖赵孤，后才有“救孤”的行动，在程婴践行诺言自杀后，“赵服齐衰三年，为之祭，邑春秋祠之，世世不绝”。直之金代，此地还有专门祭祀程婴的庙宇，“公为人之友，成人之事，杀己之身，身没而名不没。此方之人为立庙貌其来远矣，岁岁血祭，远近归祷，云合同辐辏，故《祭法》曰：法施于民。以死勤事，以劳定国则祀之。”并且在碑文中提及祭祀陈婴的原因“公之生其义存也，公之死其利存也，有与没有兼福利，生死一也，死而不朽及贵于生。”从中不难看出，赵氏孤儿传说中所蕴含的忠义思想，对藏山地区民众的思想观念和行为方式产生了深刻的印象，藏山文化生成之初就涵盖了“忠义”之本意。

① 杨伯峻 . 孟子译注［M］. 北京：中华书局，2008：173.

② 《国语・晋语六》：栾武子、中行献子围公于匠丽氏，乃召韩献子。献子辞曰：“弑君以求威，非吾所能为也……昔者吾畜于赵氏……赵孟姬之谗，吾能违兵。人有言曰‘杀老牛莫之敢尸’而况君乎？二三子不能事君，安用厥也！”

（二）从价值追求走向政治准则

战国中期之后，各国强权政治占据主导地位，君主要施行强有力的手段让臣民听命于自己，进而实现一统大业。这种强有力的手段除了在政治、经济、军事等领域内是实施外，在文化领域也加大了对民众思想的控制，“忠义”思想在这时被作为政治道德的基本规范，等级色彩浓厚，韩非子等人把“忠”概括到君臣关系的框架中，《韩非子·忠孝》“臣事君，子事父，妻事夫，三者顺则天下治，三者逆则天下乱，此天下之常道也”。即认为臣民忠心于自己的君主是天下常道，把儒家思想中的“忠”归结于所谓的“忠君”。在此基础上，他对“臣忠君”又作了绝对性的规定“明王贤臣而弗易也，则人主虽不肖，臣不敢侵也。”汉代的董仲舒把“忠”的含义进一步政治化、等级化，“忠”被看作臣民忠于君的行为准则，从而使“忠义”从原始自发的朴质价值追求演变为封建政治准则。

此时，忠义文化在民间的传播并没从根本上受官方的影响而丧失本义，据最早记录藏孤洞的《神泉里藏山庙记》①提及程婴“此方之人为立庙貌其来远矣，岁岁血祭”可知，藏山庙是祭祀程婴的庙宇，是一座典型的报恩祠。即使是到了金代，藏山庙也是主祀程婴，赵武“庙之侑坐赵孤者”，只是陪坐，未享有主祀位置，据《重修藏山庙记》记载赵武“既长以贤，遂当晋国，没谥曰文，后世于亡匿之所祠而祀之，又建别祠于城右，以便祈祷”②，至于赵武是什么时候陪祀藏山庙已不到而知，但可以肯定的是藏山庙最初只祭祀程婴。

（三）从政治准则走向民族意识

唐宋时期，随着中央专制集权的加强，民众思想上“忠”的伦理范围也被深深受制于“君臣”之间，普遍提倡“忠臣不事二君”，“忠”的绝对约束性更为明显，臣民因此被置于极大的皇权统治之下。据《宋史》卷一〇五，

---

① 《神泉里藏山庙记》，金大定十二年（1172 年）六月刊，现存藏山祠。

② 《重修藏山庙记》，元至元三年（1323 年）八月刊，现存秀水镇西关大王庙。

志第五八礼八（吉礼八）记载：北宋神宗年间，封婴为成信侯，杵臼为忠智侯，山西绛州立庙祭祀祭祀，“程婴、公孙杵臼于赵最为功臣，神宗皇嗣未建，封婴为成信侯，杵臼为忠智侯，命绛州立庙，岁时奉祀，其后皇嗣众多。绍兴二年，宋室南渡，庙宇隔绝，于行在所设位望祭，“绍兴十一年，宋高宗赵构南渡，立祚德庙祀晋赵武及程婴、杵臼、韩厥；河东神主封王爵，文子曰藏山大王；封侯爵，公孙杵臼曰成信侯，程婴曰忠智侯，以祀之”[①]。宋以能存赵氏之孤，以加官晋爵的方式，置两位忠义之士于封建等级秩序之中。文子为王，义士为侯，以示尊卑上下之别。《宋史》卷一〇五，志第五八礼八（吉礼八）记还记载到在绍兴十六年，“加婴忠节成信侯，杵臼通勇忠智侯，厥忠定义成侯。后改封疆济公，杵臼英略公，厥启侑公，升为中祀”。南宋王室对“赵氏孤儿”中的忠义之士的祭祀标准上升为中祀，这不仅从礼制上提升了地位，更重要的是通过对忠义之士的祭祀继续保持在北方黄河流域广大地区的影响。

宋代把程婴、公孙杵臼和韩厥晋爵为公侯，想借其“忠义”精神影响民众忠于赵宋君主，很显然是为了把原本的民间“忠义”精神，转化为官方“忠君”思想的政治需要。与此同时，统治北方的金王朝对今山西盂县藏山神庙祭祀赵氏孤儿中的忠义之士程婴、公孙杵臼、赵武给予肯定，但更多地强调其水神的功能，据藏山祠现存最早的碑刻《神泉里藏山神庙记》记载，在天德年间（1149～1153年）“岁大旱，旬月不雨，邑宰尝往吊之，洎归，似有褒慢之意，须臾而雹雨大降；宰复反，已致恭虔，俄，雨作以获沾”。盂县县令智楫在大定年间（1161～1189年）也多次前往藏山神庙祈雨[②]。金代对藏山当地文化资源的继承和发展，不仅有利于统治该地区，而且使其可以同南宋王朝分庭抗礼。与南宋封赵武为王，程婴、公孙杵臼为侯不同的是，赵武自从配享藏山庙以来，当地民众对藏山庙赵武的祭祀也一直没有间断过，

① 《崇增藏山神祠之记》，明嘉靖四年（1525）七月刊，现存藏山祠。

② 《神泉里藏山神庙记》，金大定十二年（1172年）六月刊，现存藏山祠。

“三神之灵，庙食兹土，其来远矣”[①]。在金大定十二年（1172年）“庙之侑坐赵孤者，灵更明矣，人有窃负而往，亦能救旱意，其襦中之风不坠也”[②]。由此可知，赵武在藏山庙中的地位正在逐渐上升，但还没有呈现出严格的王侯之尊卑，但藏山庙的忠义信仰的功能在金人占领的北方地区受到挑战，更广泛的水神职能被民众在祭祀中传承。

（四）从民族意识走向民间信仰

宋金之后的元朝是民族融合大发展的时期，思想文化上兼容并用，“三教九流，莫不崇奉”，元继承了金在北方祭祀藏山神庙的传统，不仅多次修缮藏山庙，元至大三年（1310年），元至治三年（1323年），元至顺三年（1332年），元至正五年（1345年），而且在至正十六年（1356年）为了便于乡民的祈祷，在杜寿圣寺之右新建了一座祠庙来祭祀赵孤、程婴、公孙杵臼三人，其在“杜寿寺之右，东暨藏山祠，南面石门寺，西接文殊山，北连滴水洞……享一郡之祭祀”[③]。而且祭祀神灵位置也有变化，《重修藏山庙神像记》[④]中提及藏山神古祠“忠智侯位孤操仗侍立于其侧，盖取诸构患难而晦迹之事也。”，行祠“孤坐正位，忠智侯、成信侯侧向而坐，取其患难既平而不忘厥初之意也”。此外，吕思诚在《重修藏山神祠记》碑文中对赵氏孤儿背景中的“下宫之难”提出质疑，指出赵氏的所作所为是导致其家族祸患的诱因，认为赵氏有愧于“公孙之死、程之忠”，而藏山当地民众建祠庙祭祀程婴、公孙杵臼，“千古之下血食”，是对古之忠义的报答，并予以提倡[⑤]，另据《重修神泉里藏山神庙记》记载，“苌池、神泉、兴道，自藏山有庙已来，互主祀事”可知当地民众对忠义之士的崇拜之盛。这也从侧面说明当时藏山的忠义文化还没有禁锢在封建的等级礼制中。

① 《重修藏山庙记》，元至元三年（1323年）八月刊，现存秀水镇西关大王庙。

② 《神泉里藏山神庙记》，金大定十二年（1172年）六月刊，现存藏山祠。

③ 《藏山祠记》，至正十六年（1356年）七月刊，现存西潘乡李庄村。

④ 《重修藏山庙神像记》，元至顺三年（1332）七月刊，现存秀水镇西关大王庙。

⑤ 《重修藏山神祠记》，至正五年（1345年）刊，现存秀水镇西关大王庙。

明代随着专制主义的迅速发展，“忠君”思想也发展到了极致，“忠义”思想不仅被规范到了等级礼制对应的价值体系中，而且逐渐丧失本义，狭隘地局限于单一的君臣关系中。在这种历史背景之下，藏山忠义文化中的“忠义”精神内涵也发生了很大的变化。赵武在宋代即被封王，但在藏山的古碑刻题名中没有明确其王的主体地位，在明代洪武二十一年（1388年）树立的碑刻《西关大王庙重明藏山祠古传》中明确提出大王一词，而且在景泰六年（1455年），在藏山《新建藏山大王灵应碑记》，之后又于天顺四年（1460年）重修藏山大王殿，据当时的碑文记载“……予闻藏山乃邑之大藩，其神赵武主之，而邑人报赛特重……”[①]。之后，皇权直接涉入藏山文化，成化年间明宪宗封藏山为“万岁朝廷香火院”，高谅、刘允两位太监分别于成化二十一年（1484年），和弘治十七年（1504年）先后封圣旨亲临盂县修藏山庙，至此，藏山神庙及其蕴含的忠义文化被完全纳入封建等级制度下，此后藏山庙宇即开启了在明朝廷主导下的营建活动，如正德十一年（1516年）朝廷差人修建了藏山总圣楼香台[②]，嘉靖四年（1525年）朝廷遣太监并请高僧主持修建了藏山神祠[③]。另据明嘉靖五年（1526年）《钦奉皇王之命重修藏山摩崖石题刻》[④]碑文中记载，在明成化二十年至嘉靖四年间，朝廷曾先后派六名钦差、太监旌修藏山神庙，而参与的主体有朝廷、晋王府、晋宁化王府重臣，山西等处承宣布政司，太原府、盂县的主要官员及名人雅士、纠首、主持僧人之名多达百余个。此后，藏山神庙体系发生变化，忠王祭祀赵武成为主旋律，如嘉靖二十七年（1548年）《祀藏山赵文公碑记》[⑤]、万历二年（1574年）《祀藏山大王说》[⑥]，万

① 《重修藏山大王殿记》，至正五年（1345年）刊，现存秀水镇西关大王庙。

② 《藏山总圣楼香台记》，明正德十一年（1516年），现存藏山祠。

③ 《崇增藏山神祠之记》，明嘉靖四年（1525年），现存藏山祠。

④ 《钦奉皇王之命重修藏山摩崖石题刻》，明嘉靖五年（1526年），现存藏山祠北崖。

⑤ 《祀藏山赵文公碑记》，嘉靖二十七年（1548年），现存藏山祠。

⑥ 《祀藏山大王说》，万历二年（1574年），现存藏山祠。

历十二年（1584 年）《续藏山赵王庙记》[①]、另外还新增了赵氏一脉的神位，如崇祯十四年（1641 年）《晋上卿赵成子之神位》、《晋上卿赵宣子之神位》、《晋驸马赵庄子之神位》[②]，在这样的背景下，崇祯十四年（1641 年）为程婴、公孙杵臼在藏山祠新建的启忠祠[③]寓意也是十分明显的即教导世人要效忠于皇帝。

与前代相比，明代由于皇权的渗入参与，藏山忠义文化的本义精神发生了变化：一是突出了赵氏家族的主体地位，使藏山忠义文化的主体构成和内容发生了变化；二是凸显了赵武的独尊，使程婴等人与赵武的关系发生了变化，"忠义"也由普通的人际关系准则向"对上""对君"的单项化转化。但这种变化除了与中央集权有关外，与当时明王朝的边疆的军事活动也有很大关系。

清朝统一全国之后，全盘接受明朝政治体制逐渐强化的君主专制，在思想领域内也实行文化专制政策，多次兴起文字狱，尽管仍以儒学为正统，以取得汉族士大夫的支持，但在具体实施过程中逐渐削弱其在汉族群体中的影响，进而引导其服务于满清政府建立的大帝国。从表 4.2 清代盂县藏山神庙碑刻题名表中可以窥探清代藏山忠义文化信仰的微妙变化，一是藏山神庙祭祀的对象以赵文子（赵武）为主，虽然后期又增加了韩厥祠，重修了双烈祠，但依然推崇赵文子；二是参与修建藏山神庙的主体从明代的皇权直接参与逐渐变为地方乡绅、当地民众主持，与此同时空间上也固化在盂县藏山附近及其周围；三是碑刻题名很少用大王一词，主要是文子庙。此外，碑刻档案中还出现了新特征：一是碑文中出现了文子庙与八蜡庙合修的记载；二是在藏山祠中祭祀藏山龙神山神。从这些变化可知盂县藏山神庙所蕴含的忠义精神在国家层面上的地位随着清帝国的统一逐渐下降，但在地方民众中的地位却

① 《续藏山赵王庙记》，万历十二年（1584 年），现存藏山祠。

② 《晋上卿赵成子之神位》、《晋上卿赵宣子之神位》、《晋驸马赵庄子之神位》崇祯十四年（1641 年），现存藏山祠。

③ 《藏山祠新建启忠祠碑记》，崇祯十四年（1641 年），现存藏山祠。

未曾改变，如苌池、兴道、神泉三村谨遵古制祭祀藏山忠义之神，修缮其栖息之庙宇，地方乡绅在其中所起的作用较大。此外，清代中期以来，随着旱灾的频繁发生，民众对神灵的诉求功利性较强，如盂县民众祭祀赵文子的时候，认为其灵与龙神、山神相通，也应祭祀，从而达到降雨的目的；祭祀忠义之神赵文子等人的同时还祭祀八蜡神（亦名蚂蚱神），这主要是因为盂县境内深受蝗虫之害，而八蜡神是治蝗有方的神灵。

表4.2　清代盂县藏山神庙碑刻题名表①

时间	碑名	祭祀对象	主要修建人	所在地
康熙四十一年（1702年）	新铸藏山大王铜像记	赵文子	于奋鳞	西关大王庙
康熙五十一年（1712年）	重修藏山卷亭记	赵文子、程婴、公孙杵臼	苌池村民众	藏山祠
康熙五十八年（1719年）	重修藏山赵文子先生庙碑记	同上	普贤村乡耆	藏山祠
清康熙五十八年（1719年）	重修藏山大王神庙碑记	赵文子	王世朋等	石店村观音庙
清雍正三年（1725年）	重修藏山赵文子庙碑记	主要祭祀赵文子	王珻②、盂县知县孔传忠以及董事六人	藏山祠
清雍正八年（1730年）	重修藏山嶂楼记	主要祭祀赵文子	王珻、盂县知事阎煊以及乡贤	藏山祠
清雍正十年（1732年）	藏山新建韩献子祠碑记	韩献子（韩厥）	王珻、捐钱建祠并撰文	藏山祠
清雍正十一年（1733年）	重修藏山双烈祠记	程婴、公孙杵臼	监察院御史刘灿撰，盂县知县杜秋山与盂寿营击副将韩志忠	藏山祠
乾隆六年（1741年）	合修八蜡藏山文子庙碑记	主要祭祀赵文子	王珻、盂县知县、盂寿营将领、盂县纠首等。	西关大王庙

---

① 李晶明．三晋石刻大全·阳泉市盂县卷［M］．太原：山西出版集团·三晋出版社，2010.

② 王珻系盂县芝角村人，赐进士第翰林院检讨加一级三朝国史馆纂写官。

续表

时间	碑名	祭祀对象	主要修建人	所在地
清乾隆十四年（1749年）	重修藏山大王庙碑记	主要祭祀赵文子	盂县上王村耆老等民众	藏山祠
清乾隆二十年（1755年）	崇祀藏山龙神山神碑记	藏山龙神、山神	盂县知县徐石峰偕盂县绅士、乡民等	藏山祠
清乾隆三十二年（1767年）	重修藏山庙碑记	赵文子、韩献之、程婴、公孙杵臼	苌池镇、神泉、兴道三村士庶	藏山祠
清前空三十七年（1772年）	移修藏山行刺之舞楼记	赵文子等人	当地纠首鸠合村众百余	交口村大王庙
清乾隆四十八年（1783年）	重修藏山庙碑记	赵文子、韩献之、程婴、公孙杵臼	苌池、兴道、神泉三村老少	藏山祠
清嘉庆三年（1798年）	重修赵文子祠牌坊路阁碑记	赵文子	盂县张氏族人	藏山祠
清道光八年（1828年）	晋卿文字祠重修碑记	赵文子	兴道、苌池、神泉三村民众	藏山祠
清道光八年（1828年）	重修藏山文子神祠记	赵文子	盂县官员	藏山祠
清道光八年（1828年）	重修藏山神祠碑记	赵文子等	盂县境内外民众	藏山祠
清道光二十七年（1847年）	重修藏山行祠暨八蜡殿碑记	赵文子、八蜡神	盂县西北两关之绅士耆老	西关村大王庙
清同治六年（1867年）	重修晋卿文子庙并八蜡殿记	赵文子、八蜡神	盂县知事张士霖及民众	西关村大王庙
清同治八年（1869年）	藏山赵文子祠碑记	赵文子	盂县知事张士霖与民众	藏山祠
1928年	文子庙补修碑记	赵文子	北庄村乡绅、民众	北庄村大王庙

综上所述，在藏山大王信仰在宋代以来发生了很大的转变，尽管在金代已经出现了明确的祈雨藏山庙的记录，但是在明代依然树立其忠义的形象，其水神的职能也是在忠义的外衣下呈现的，但到了清代，由于国家的大一统，

境内民族政权消失，藏山大王信仰的忠义职能下降，民众的现实需求更加务实，其水神的功能逐渐彰显，这在碑刻资料中多有体现。总的来说，藏山大王信仰的内核经由最初的朴素价值追求，发展为封建政治准则，进而上升为民族意识，最终沉淀为民间信仰的演变逻辑轨迹，在一定程度上揭示了我国传统文化形成的逻辑，同时也为深入理解和研究水文化的来源提供了有益支撑。

第五节　新时期庙会中的水神信仰状况研究（以五台山地区及其周围为例）

一、引言

庙会作为我国一种传统的文化活动，其中包括着丰富的民间信仰成分，而水神信仰又是几千年来民众面对水资源短缺问题的表现，虽然信仰并未能实际上解决缺水问题，但其却演化成一种文化现象，许多关于水神信仰的庙会，一直从明清甚至更早一直传承到现在，其承载着多样化的功能和内涵，因此，研究水神信仰至少有以下几方面的意义：其一，通过研究信仰的形成和演变了解这一地区的历史发展路径；其二，通过研究水神信仰的内容，分析了解历史时期某地区民众生活状况、思想状况；其三，通过研究水神信仰中的文化元素，抽取出我国传统文化的精髓并将其传播发扬光大；其四，通过研究水神信仰问题，可以了解历史时期水资源问题的应对情况，给政府提供参考，同时可以深入研究迷信思想的形成机理，为社会主义精神文明建设提供工具；其五，水神信仰是历史时期民众与大自然交流的一种渠道，是认识世界，改造世界的一种形式，其研究又助于为我国建设社会主义生态文明国家提供支持等。综上可见，水神信仰研究，既是了解历史时期民众与大自然关系的窗口，也是以史为鉴为政府提供科学决策的重要依据。

二、以五台山地区为主的五十个庙会

为了对五台山地区庙会中的水神信仰有比较深入的研究，课题组在大量分析论证的基础上，明确了研究目标，讨论和设计了以五台山地区为主，扩大到今天整个忻州地区的调查范围，调查题目为《忻州地区庙会中的水神信仰调查》，从而在方法上保证了调查研究的科学性和获取信息的准确性、全面性。同时，课题组还通过网络调查、问卷调查、文献调查、访谈调查等多种方式、渠道开展调研活动，以多方位地获取真实信息，整个调研过程持续两年，并对所得信息进行了全面的分析和审查，以保证其真实有效，为研究提供可靠基础。

忻州地区的庙会比较多，由于地域跨度比较广，类型多样，再加上从古至今是晋北地区的农业大区，工业发展比较缓慢，其传统的庙会保留比较多，比如原忻县古庙会主要有吕令二月初八瘟神庙会，二月二十七岱岳殿庙会，五月初九城关关帝庙会，五月二十六令归黄堂庙会等等。晋北小县河曲 412 个自然村，每年大小庙会 90 多个。至于著名的佛教圣地五台山的寺院庙会，民间有谚形容："四大会，八小会，七十二个普通会。"其中规模最大的是五台山六月庙会。而原平县一个叫辛章的村子竟有庙宇 27 座。就连那些三五户人家的山庄窝铺，也会有一座五道庙或奶奶庙之类的小庙。等等。

课题组对五台山地区所在的忻州市及其所属 14 县区的 50 个典型的庙会进行实证调查，抽取庙会起源时间、形成原因、内容、参会人员、举办地点分布、时间分布（季节性）、举办形式、信仰对象、庙会功能、经费来源、主办单位、影响范围等多个指标进行深入研究，并在此基础上进一步归纳总结其形成、发展、演变的规律，最后得出结论，尽管可能存在很多方面的不足，但也反映了该地区民众与水环境互动的客观性。

三、研究分析与结果

为了便于分析，本课题组将调查资料进行了深度归纳分析，在此选择部分具有代表性的特征进行分析。

（一）信仰对象的类型

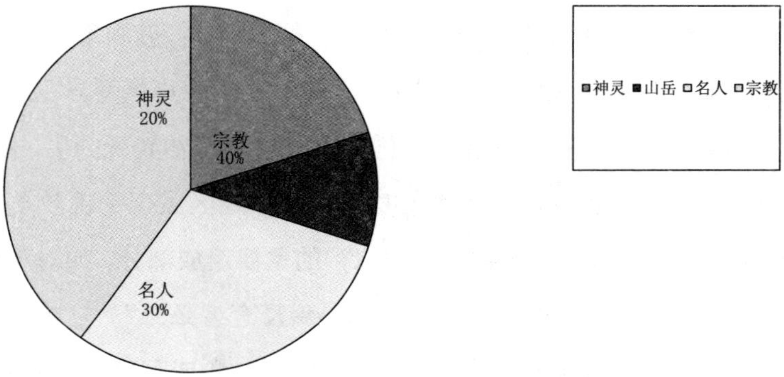

图 4.1　水神信仰对象的类型分布

课题组对 50 个庙会中的水神信仰对象进行研究，发现该地区的水神信仰主要包括神灵信仰、山岳信仰、名人信仰、宗教信仰四类（图 4.1）。神灵信仰主要指对龙王等司布雨之职的神灵的崇拜，偏关《重修白龙洞佛殿罗汉殿碑记》中提到“白龙洞庙尤有急于常祠者，当旱既大甚之时，一经祈祷则甘雨普降矣”；山岳信仰主要指对大山巨石的崇拜，如定襄县的七岩山[①]，该山在宋时即被民众作为祈雨的对象，据记载定襄县常遭遇水旱灾害，而“郡侯致诚以祷，则时雨时阳，求辄如志”。《芦芽山山神庙碑》记载：乾隆庚午（公元 1750 年）夏，五寨县境干旱少雨，应当地民众的请求，时任宁武府五寨县县令的秦雄褒，率领官员，前往芦芽山祷雨，“未越三日，澍雨大沛，槁禾皆□”；名人信仰主要包括对治水官员的信仰、对英雄人物的信仰和对传说人物的信仰三类。水官信仰中台骀神是宁武、静乐一带崇拜的对象，据《昌宁公冢庙记》[②]的碑文中可知台骀神作为水神有两个主要的职能，一是河神职能，“吾民之生，咸赖汾水之利，并水涯而居，未尝有泛滥之厄”，二是降雨职能，“仍

① 《七岩石惠应庙碑》位于定襄县城南九公里七岩山圣母洞口。

② 《昌宁公冢庙记》该碑现存宁武县石家庄镇阳房村东 100 处昌宁公冢庙院内。

岁遇旱，郡僚有祷必获嘉泽”。而在英雄人物方面，晋国赵武、汉代的李牧、唐代的李靖都先后加入了水神的行列，据《藏山大王碑记》记载：该神为“五岳神耳，降灵于周定时晋大夫家，姓赵氏”，他是庇护一方的神灵，有求必应，“曩者，旱魃为虐民心惮，暑如炎如焚，推干中谷；五峰翠灭，万井红炉，流金烁土，焦禾杀嫁……”，正当旱灾严重时，“王忽申精变异，出其明爽，诉于上帝，沛以江湖甘霖，一洒渥润百里”，这才使万物起死回生。由此可见，赵武作为民众信仰的神灵，有降水的功能；忻州地区民众受佛教圣地五台山的影响较大，不少佛教中的人物也成为水神的重要组成部分，如对观音菩萨、文殊菩萨等的崇拜。原平的文殊菩萨“水旱疾疫有祷必应”[①]，宁武县的万佛洞也是“护国庇民，祷祝万疆于万寿，慈云法雨，顺成有象于一方云”[②]

（二）信仰的功能类型

经过对调查数据进行统计发现，现代水神的职能都出现了膨胀，几乎没有哪个庙会是为了单一的求雨而存在的，往往庙里供奉的信仰对象身兼数职，概括起来主要包括祈福、求雨、求子、求学、消灾、农贸、超度等，具体情况请见图 4.2。由图可见几乎所有的庙会中都有了祈福和农贸的功能，这说明一方面民众的心理寄托需求旺盛，另一方面表明农贸活动已经成为庙会的一大主要功能。求学内容所占比率较高，这说明忻州地区民众对于教育比较重视，尤其是贫困落后地区，通常供奉文殊菩萨等主管智慧的一类神名，或干脆向其他雨神提出诉求，如保德县东关龙王庙会中的龙王、忻州静乐县娑婆乡的巾字山庙会中的关公等。

---

① 山西省忻州市政协文史资料委员会编．忻州文史·古碑文录之二（第 13 辑）［Z］．忻州：文史资料委员会，2009：409.

② 山西省忻州市政协文史资料委员会编．忻州文史·古碑文录之三（第 14 辑）［Z］．忻州：文史资料委员会，2009：785.

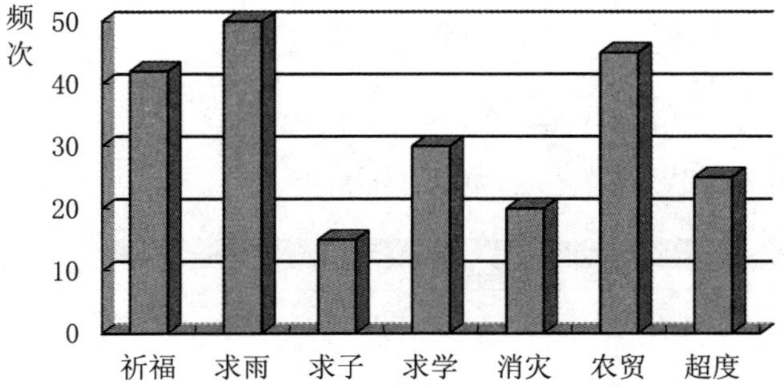

图 4.2　水神信仰的功能类型

（三）庙会时间分布

庙会举办的时间主要分布在春季和夏季，其中 2 月中旬至 4 月中旬，5 月至 7 月是两个两峰期，10 月之后庙会则较少。（如图 4.3）

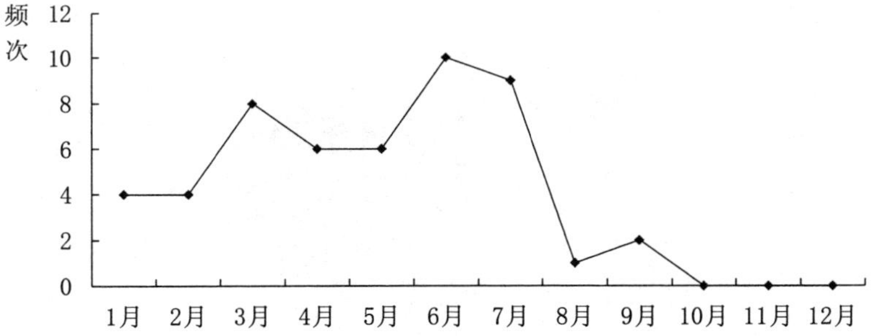

图 4.3　庙会时间分布趋势

（四）信仰活动形式

宗教活动如祈福、祭拜、超度、布施、法会等；民间文艺表演如唱戏、打鼓、秧歌、社火、杂耍、高跷、舞狮等；官方活动如农贸展、非物质文化展示、特色产品展、文艺会演、农业竞赛、烟火晚会等；另外还有各种形式的民间经贸交流活动。①

① 岳谦厚．传统庙会与乡民休闲——以明清以来山西庙会为中心的考察［J］．山西大学学报，2009（1）：83-87.

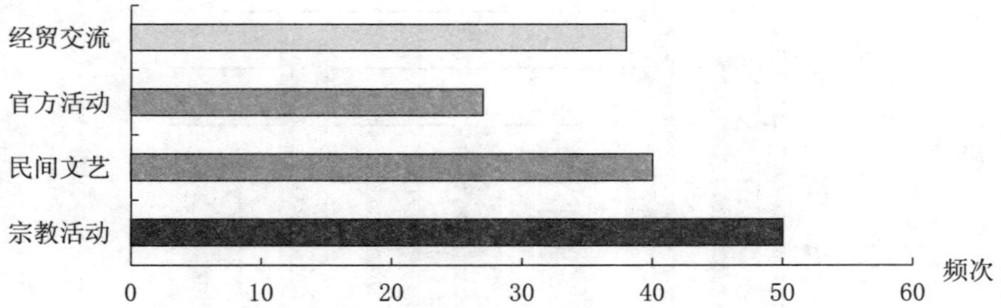

图 4.4 庙会活动形式频次分布

（五）水神庙会规模

调查组根据参会人数和影响范围将水神庙会规模分为四个：村落微型庙会、乡镇小型庙会、县市中型庙会和省级大型庙会。所调查的 50 个庙会中，其规模分布如图 4.5 所示。

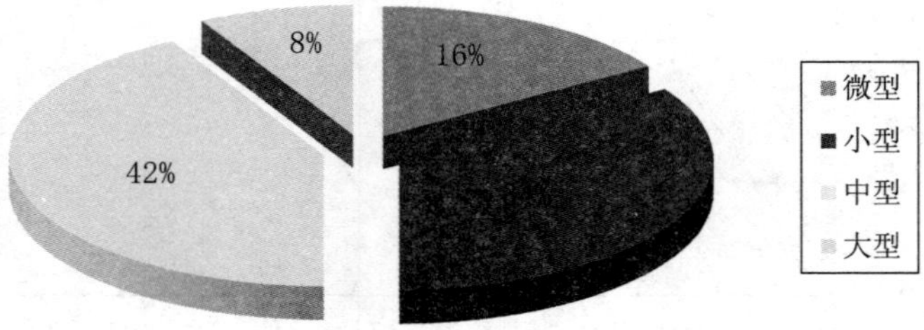

图 4.5 水神庙会规模分面比例

（六）经费来源状况

举办庙会的经费来源主要有三，一是官方财政拨款，主要是政府分管宣传、农业等部门拨付专款支持，对于大型庙会政府部门参与度较高，各职能部门支持力度也较大；二是民间自发募款，主要是由举办地成立的庙会筹备组织向本地个人、组织及本地在外名人、富商进行募款；三是半官方半民间的混合筹款形式，官方拨付一定经费，民间自筹一部分共同负担庙会举办费用。具体调查情况见图 4.6。

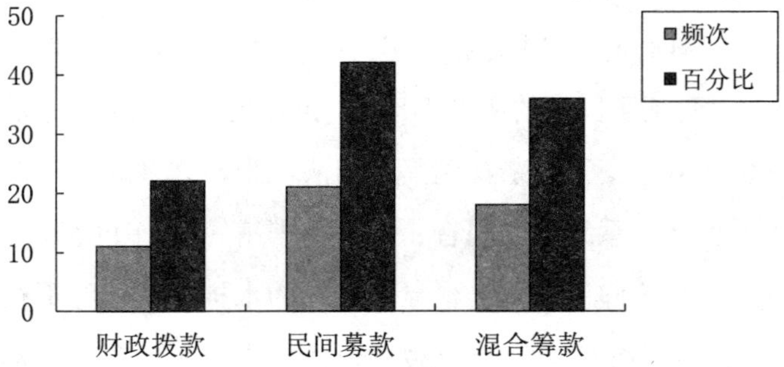

图 4.6 水神庙会经费来源类型分布

四、结论

经过实证调查及对所得数据的深入分析，可以得出以下结论：

（一）信仰类型丰富，七成宗教人物

水神信仰对象的类型多样，主要分为两类，一类是超自然的神灵，这类型的水神除了传统的水神龙王外，忻州境内的黄河、汾河、芦芽山、五峰山、北斗山、天柱山等名山大川也加入了水神的行列，此外，还有宗教中的人物如佛教中的观音菩萨，道教中的玉皇大帝等。一类是历史时期的治水官员和英雄人物，治水官员如大禹、台骀等，历史时期的英雄人物如赵武灵王、关公、李靖等都是民众信仰的对象。

（二）水神职能扩张，民众需求膨胀

明清小冰期以来，晋北民众在自然环境极其恶劣的情况下，水神信仰意识不断强化，尤其是对龙王的崇拜，使得龙王的职能不断扩张，如在保德，龙王爷是村中最大的神，“风调雨顺要靠它，降妖捉怪要求它”[①]，它总揽着村中的一切事务。由于生产力低下，民众在大灾大难之前，显得无能为力，

① 政协保德县委员会．保德民俗［M］．太原：三晋出版社，2011：449.

为寻求祈福攘灾的心灵寄托，民众对水神的诉求不断扩大，最终，水神的职能不断扩张，不仅具有降水的职能，还拥有了祈福消灾、生儿育女、求学、超度等职能，几乎囊括了民众的所有诉请①。正是由于民众功利性的需求不断增长，水神系统从单一变得庞杂，尤其是明清以来，许多该地民众信赖的神灵和人物都加入了这一系统，如观音、关公、李靖等充当了兼职水神。对现在忻州庙会中的水神信仰调查资料也显示单一的水神祭祀已经不存在了，各路神仙共居同一庙宇。当然，调查中也发现，大部分人不会执迷于信仰当中，但是绝大多数持“宁可信其有，不可信其无”的态度，由此可见，信仰在民众心目中的地位之高。

（三）地理分布不均，东西中各一片

从庙会中祭祀的水神庙宇的空间地理分布上来看，主要集中在三个区域，一是以偏关、河曲为主的黄河流域区，这一区域水神的特征主要体现在水神与黄河的关系比较亲近，如偏关老牛湾的明灯山庙会、河曲的灯盏盏会等；二是以宁武为主的汾河流域区，这一区域主要祭祀汾河水神——台骀，台骀是上古时期的水官，据说他治理汾河有功，被封为掌管汾河一带的地方官员，死后被尊为汾河之神，后葬于宁武县定河村。台骀信仰在山西南北都盛行，尤其是汾河沿岸，其中定河村的昌宁公冢庙是首屈一指的；三是以忻州（以前的忻县）、原平为主的滹沱河流域区，这一区域水神的特征较为地方化，如五峰山圣母娘娘是该地区民众信仰的水神之一，调查资料显示五峰山圣母娘娘在当地民众的口耳相传中是原平本土人士，由此可见一斑。这可能与该区域水环境相对较好有关系。

（四）举办时间规律，三四六七最密

水神庙会举办的时间主要集中在两个时间段上，一是开春前后即农历三、

---

① 胡梦飞．明清时期苏北地区水神信仰的历史考察——以运河沿线区域为中心［J］．江苏社会科学，2013（3）：227-232.

四月份，这一时间段从二月中旬开始，到三月份达到顶峰，一直持续到四月上旬；二是农历六、七月份，这个时间段从五月中旬开始，到六月份达到最高峰，一直持续到七月份。之所以会呈现出这样的时间特征，主要和农作物生长的规律有关系，每年的三、四月份都是当地农作物春种的时间，需水量较大，而该地的这一时段的降水量有限，再加上该地水环境较为恶劣，民众的种植作物所需的水条件往往达不到，所以他们把希望寄予超自然的水神，这种诉求从春种前就开始了，忻州境内普遍存在的二月二“龙抬头”庙会即可说明问题，到三、四月份农作物真正需水时，民众的诉求就更多了，各地举办祭祀不同类型的水神以求满足民众的实际需求。六、七月份是秋收前农作物最需水的时候，而对于靠天吃饭的忻州地区而言，不降水或者降水不均是该地最大的困扰，而这直接关系农作物的收成，因此，民众水神的诉求更加功利化，因此，在祭祀时间上即比较集中在六、七月份。

（五）活动形式多样，经济文化齐上

据调查资料显示，庙会中以水神为主的祭祀活动，在新中国成立以后逐渐退出历史舞台，但是水神并没有在民众的视野中消失，几乎所有寺庙供奉的神位中都有专司雨职的龙王，而且改革开放以后，之前祈雨、谢雨所进行的唱戏、举办各种红火等民俗活动被传承下来。不仅如此，很多地方政府为促进地方经济和文化的发展，在原来的基础上融入多种具有地方特色的民俗活动和现代娱乐项目，如现在忻州一带的“挠羊赛”，是庙会中的保留节目，所谓“挠羊赛”即是以羊作为奖品的摔跤比赛，当地俗谚说“赶会不摔跤，瞧得人就少，唱戏又摔跤，十村八村都来看热闹”，由此可见“挠羊赛”为庙会注入了活力，丰富了乡民的精神生活，一定程度上促进该地区的文化整合。与此同时庙会经济对当地经济的发展也有一定的促进作用。

（六）庙会规模偏小，经费来源过少

据调查的数据显示，忻州地区的庙会比较多，但规模相对较小，以一村或者相邻几村的居多，没有形成大规模的庙会，这可能与该地区的历史、自

然等因素有关，如历史时期该地区分属不同的地域管辖，该地区自然环境较为恶劣，交通不便等，正是由于这些因素的作用，该地几乎没有形成统一的信仰和大规模的庙会，偶有规模相对较大的庙会，如偏关十年一次的“龙华盛会”万人会，如今也只是名声在外，对忻州地区的号召力不强。与庙会的规模偏小相对应的是其产生的社会效益也有限，因此，地方政府关注的也少，进而导致庙会的经费来源主要是村民、香客等自筹资费，有地方政府拨给资金的庙会，通常是指该地区比较重要的，而且庙会期间地方政府有可观经济收入的庙会。由此可见，规模较大的庙会不仅文化底蕴浓厚，而且经济影响力较大。

总之，通过梳理清代以来五台山地区的农田水利建设情况、水利纠纷及解决途径、水神信仰等水事活动，我们认识到该地域水文化源泉的丰富内涵。此外，在五台山地区还存在不少与水有关的地名现象，也从另一个侧面说明这一地区的人水互动文化。地名作为特定空间的标记，常常蕴含着这一区域的历史文化、军事文化、经济文化、军事文化等等，是研究地域文化的活化石。水是生命之源，对人类社会影响较大，聚落依水而建，城市因水而兴，因此，很多地方的命名往往与水密切相关。五台山境域内的民众在与该地区独特的水环境互动过程中，留下了很多与水有关的地名，体现出不同的水文化特征，具体可以分为以下几类：

1、与泉水有关的地名

五台山境域内的泉水资源比较丰富，许多村庄地名中就有“泉”字，如平地泉村、垚泉村、东龙泉村、西龙泉村、赤泥泉村、柳坡泉村、塔坡泉村、罗家泉村等等，其中定襄的神汤都是比较典型的以温泉命名的地名，关于地名的来历，传说与隋炀帝有关，一说隋大业十一年，隋炀帝去五台山朝拜，途经此地，一说隋炀帝去宁武境内的汾阳宫，路经此地，总之，隋炀帝听闻定襄凤凰山下的汤头村后有一神奇的龙头石，龙头石下终年流淌着一处阳旱不耗、阴霖不溢、雪不凝冰不结、清澈如镜的暖泉。乡人凡有三灾六病，在此暖泉沐浴之后便会痊愈。隋炀帝沐浴泡汤后，龙颜大悦，曰：“华夏热水甚多，唯此汤更神，真乃神汤之都也！”故得名神汤都。据定襄县志和定襄县补志建置行政区划记载：汤头温泉始于周、启于隋，盛在宋。早在宋代，此地温泉神奇就被世人所知，人们争相移居这块世外桃源，一时间，车水马龙，人丁兴旺，热闹非凡，宋人题有“廉泉秋波”。明清时期神汤都一直作为定襄县的行政建置而存在，大清道光十九年（公元1839年），定襄知县王恂[①]还专门有咏神汤都的诗一首《廉水秋波》：龙头石上望廉潭，水色天光共蔚蓝。绝似江乡风光好，烟波深锁钓鱼庵。至今定襄仍存有曾经是神汤都管辖的地名上汤头村、下汤头村。

2、与河有关的地名

五台山地区的河流资源是晋北地区最丰富的，因此，该地与河有关的地名也相对较多一些，如长河村、一道河村、河口村、河边村、下佑河东、下佐河西、大河村、后河堡、赤水前、流江村等等，其中大部分是与河的位置关系来命名的，五台县的河边村（今属于定襄县）就是一个因依傍滹沱河而得名河边的，后因其是近代军阀阎锡山的出生地，才使它渐渐名噪显赫起来。再如在水流弯曲的地方，会出现带“湾”的地名，如霍老湾、神堂湾、唐家湾、龙湾、段家湾。

3、与古代水环境有关的地名

后淤泥村位于忻府区北20公里处，位于高城乡西边角，村庄占地200亩，耕地2800亩，现有189户，686口人，地处半平川半丘陵区，位于城北41里的金山脚下。东至张村10里，南与前淤泥相接，西靠金山、隔山至东柴庄15里，北至金山铺5里。相传，忻定盆地原为晋阳湖，禹王治水后，金山脚下露出淤泥丘，后人依山丘而居，称之为淤泥村。后该村一分为二，居南者为前淤泥，居北者为后淤泥。系舟山，传说大禹治水沿汾河泛舟北上时，曾系舟于此，系舟山由此而得名。据说此山在宋代，因其是龙城太原的龙角所在地，赵光义率数万军队，将系舟山整整削掉一座山头，意在拔去龙角，断龙城之脉。

---

① 陕西大荔县进士、大清第三十七任定襄知县。

元好问还曾写有“君不见系舟山头龙角秃”的诗句。

还有一些有用水需求的地名，如原平的河家水，据该村村民口耳相传，在明朝，有贺姓来此定居，因吃水困难，盼水心切，起名贺家水，“河”自“贺”演变而来，再如因引水筑堰而命名的村庄，如石家堰村、田家堰村，等等，在此就不一一列举了。

附录一：五台山地区水神信仰调查典型个案

一、原平史家岗龙灯盛会

史家岗龙王庙会为原平范围内最具影响力的古老庙会之一。史家岗位于山西省原平市中阳乡东北20公里处，东靠五峰山，西邻滹沱河，北为苏龙口镇，南为子干乡，紧邻白停线，交通十分便利。关于史家岗村名的由来，顾名思义，是因为史姓居民占据全村人口的大多数而得名。相传，史家岗的祖先是在明朝大槐树移民的浪潮中迁至原平的，始祖史伦携带三子在今滹沱河东岸一丘陵区定居下来，后繁衍生息，成为史家岗最早的一支祖先。史家岗龙王庙会建成于宋代，庙内宋塑、木雕及石佛雕像形态逼真、姿态各异，具有很高的文物考古价值和艺术收藏价值。庙中有周朝时期栽植的柏树，树冠宏大，树身直径2米以上，数人合围都很难环抱。相传古代神龙飞临该村，落于树下休息，后盘踞于此，保护村人安全，和睦相处，丰衣足食。

关于史家岗龙灯盛会的由来，有这样一个传说。相传史家岗原是一片汪洋大湖，人称“镜阳湖”（从今崞阳直到大阳、中阳、史家岗、子干一带）。许多年后，由于天气干旱，这里的百姓生活艰难。湖水干涸后，只在湖底留下了两条神秘龙体，村民们甚是奇怪，觉得会有灵异降临人间。果不其然，某一年农历二月初二这天，两条龙忽地从湖底腾空而起，继而天空中下起了绵绵细雨。二龙继续蜿蜒盘旋朝东而来，百姓们便烧香磕头，祈求龙王留居此地，护慈一方。龙王见百姓心诚，双双落在东岗。连续几夜，东岗龙降之地光耀夺目，因此将二龙落处分别称为龙王嘴和二龙嘴。又因龙嘴喷水，甘露沁脾，故取名暖泉，又名龙泉。百姓们常饮此水治病、祛灾。为纪念龙王显灵，全村百姓集资在暖泉盖起龙王庙，还陆续修盖了玉皇庙、龙王殿、观音殿等，并择于每年的二月二舞龙灯、唱大戏，红火三天庆典，祈求龙王保佑年年风调雨顺。还传说，二龙（一条青龙、一条黄龙）留住后，青龙一闷闷不乐，怕苦怕累，不肯给黎民办事，黄龙多方劝说，青龙就是不听，后来发展到白热化程度，黄龙奏上天庭，玉皇将青龙捉拿归天。从此，黄龙永留此地，为民造福，享受人间香火。于是，村中的玉皇庙也就成了每年二月初二传说中的黄龙向玉皇大帝施展本领（舞龙灯、闯九曲黄河阵），使玉皇欢心的地方。每年农历二月初二，人们便自发组织，耍龙灯过庙会，祈福求禄保平安。久而久之，形成传统习俗，流传至今。

每年二月初二，耍龙灯成为庙会中的特色节目，舞龙手们举着龙灯绕经七星阵舞动，中途一站要绕用秸秆插成的“九曲黄河”阵尽情表演。九曲黄河阵又称“九曲黄河灯”，简称“跑黄河”，流行于山西、内蒙古、辽宁等地，是一种通过走阵形式进行的社火祈福活动，一般是以村社为单位，在每年的正月十四、十五、十六日举行。黄河阵体主要用高粱秸（俗称“秫秸”）搭制而成。首先将十来根秫秸用麻绳扎成把子。再根据阵图要求的大小，以一米五株距，把扎成的把子一排排埋在地上。然后，再用捆好的把子将四面外边第一排把子连接起来，围成一个方城。而方城内埋好的把子也要按阵图的路线用草绳连接起来，这样黄河阵体就形成了。最大的方阵名为“三九连城”，约二里见方，需用 9600 个把子。阵体搭好后，则要在阵中央立一杆，顶部安有方斗，斗正中插一黄色镶黑边的狼牙大纛，四角各插一红、蓝、白、黑三角旗。方斗下方除拴一串九连灯外，还拴有四根挂有彩色小旗的长绳与方阵的四角相连。旗杆下放一红漆八仙桌。方阵的南面还要设用松枝搭成的入口、出口，称为“阵门”。阵门贴有对联，入口的门楣横批为“三官圣会”。另外，阵门外应留一空场，空场对面坐南朝北搭一神棚。因为跑黄河在元宵灯节举行，每一个把子上均安放一盏纸糊彩灯，灯内放一装满酥油的灯碗。最隆重的表演是最后一站的玉皇殿，这也是传说中讨玉皇欢心的地方，是史家岗庙会中最热闹的地方。此外，舞龙会上还有戏曲表演、八音会。香客们从凌晨开始上香祭拜祈求来年风调雨顺，平安吉祥。整个晚上炮声和音乐声不断。第二天，各村的文艺队前来广场表演助兴，把史家岗二月二舞龙灯会推向高潮。史家岗龙王庙，有着悠久的历史和深厚的文化底蕴，现为原平市比较著名的旅游景点。

二、原平五峰山圣母信仰

（一）圣母传说

寿宁寺位于原平市中阳乡井沟村东五峰山中峰之上。从原平城区东行，经红旗大桥左拐，顺着白停市乡公路驱车十几公里，到中阳乡西头村坡底，有一座石牌坊，牌坊的匾额上有“五峰化宇”四个大字，传说是唐熙皇帝御笔亲书。过了牌坊，沿着新修的水泥乡村公路，蜿蜒经过西头、南头、井沟三个村庄，最后就到达五峰山寿宁寺。

五峰山寿宁寺乃五台山寿宁寺下院，又称西寿宁寺，是佛教净土宗的道场，关于为什么修建寿宁寺下院，大致有两种说法：一是西寿宁寺僧人通过种田为五台山寿宁寺提供粮食。二是西寿宁寺是五台山寿宁寺的处罚机构。五台山寿宁寺的犯错僧人要到西寿宁寺进行劳动改造。西寿宁寺始建于何时，现已无典志碑石可考。但是现在寺院内所存十个唐代滴水和数个巨形唐代雕花柱础石，还有唐文宗大和年间诗人吟诵五峰山的诗句，可推断寿宁寺最晚建于唐代初期，诗如下：

再经天涯地角山

唐　雍陶

每忆云山养短才，悔缘名利入尘埃。

十年马足行多少，两度天涯地角来。

——录自清乾隆《崞县志》

每年农历四月初六是寿宁寺古庙会，附近的很多村庄都会参加，如挽头村（今井沟村）、白石村、中阳村，明清香火鼎盛时期，不仅享誉当时的崞县（今原平）全境，甚至可以影响到全省或临近几省。直到现在，寿宁寺四月初六的庙会仍在举办，每年四月初六早四时，寺内僧人和到会居士，齐集大殿上早课。此时，山门便开，游人、香客蜂拥进入寺院，烧香拜佛。一时间，商贩叫卖声，上供鼓乐声，信众念佛声，游人喧哗声，燃放鞭炮声，响成一片。到会的信众，多数为许愿和还愿而来。特别在四月初六这日，人们认为神灵最灵验，还愿者携带香、烛、纸扎、点心、干鲜水果等供品在鼓乐声中，跪在神像前礼拜。这数千人在寺院内外摩肩接踵，熙熙攘攘，但人人都善行礼让，未发生过打架斗殴等意外事件。当日中午，寺庙要备斋饭招待众香客，在寺庙吃饭的有五六百人，虽然是简单素食，但是人们为能吃一顿寺院的斋饭而满心欢喜。傍晚，僧人居士上晚课，香客游人相继离去。

寿宁寺的庙会与挽头村(今井沟村)的庙会、神山村的庙会、班政铺的庙会、辛庄的庙会有一定的联系，因为它们共同供奉一个神灵——圣母，也称“线娘娘”。

五峰圣母身世传说。据古庙碑记和先辈传言，“线娘娘”系辽代人，出生于崞县（原平）下班政村畅门，是神山村康家的外甥女。在其出生时，一道金光入室，满屋生香，故起名虹仙，虹仙自幼聪明异常，然不幸六岁丧母。其外祖父康济仁是名医，在不惑之年独生一女，后来此女死后，女婿续弦，夫妇怕虹仙受继母虐待，就接到自己家，又怕命相有妨，特让虹仙在五峰山白云庵做了寄名弟子，让她诵读佛经诗书，虹仙过目不忘，康公觉得女子学诗书无用，于是让她学医，经她救死扶伤的人无数。虹仙爱捻线，经过一个个春夏秋冬，终于织成一个老大的线蛋蛋。康公有一个徒弟，叫刘长生，与虹仙青梅竹马，在虹仙十八岁的时候，康公把虹仙许配给了长生。不料，恶富赵如虎久闻虹仙美貌，他的四郎在一次问诊时看上了虹仙，于是逼畅氏把虹仙嫁与赵家，畅氏只好从命，在娶亲之日，虹仙并不梳洗打扮，她抱起线蛋，将线头拴在风匣之上，骑着线蛋腾空而去。原来她本是仙女下凡，上天去拜见西王母了，王母命她到五峰山归位。虹仙来到外祖母住的神山村，拜见了外祖母，外祖母记的她生日是农历五月二十，所以就有了神山的“迎神庙会”，虹仙落下来的地方人们也起了个名，叫歇马坡，后建一小庙为歇马店（位于现在的南头村）。却说虹仙从神山起飞又飞到今天的井沟村，在崖头上歇了歇，梳理了一下乱发。所以这个地方叫挽头村，村中还有一座挽头寺。虹仙后在五峰山坐化，后人为之建了一座大殿，正中塑金身座像一尊，称颂其为“线娘娘”。线娘娘后又称圣母，传说线娘娘登入仙境之后，受过三次皇帝的敕封：金代被封为“金天圣母”，明代被封为“龙宫圣母”。

清有康熙皇帝封“五峰圣母”的传说。相传，在清康熙年间，准格尔部首领里通沙俄发动叛乱，进攻喀尔喀等地，康熙皇帝在白马将军（费公）的保驾之下，亲自前往征伐。康熙到内蒙地区后，来到绥远（今呼和浩特市）大诏（即通顺诏庙），歇马诏前，遇到了活佛打坐，康熙拜见活佛，但是活佛好像跟没事一样不予理睬，这可惹怒了旁边的白马将军，愤然说道：“我主参拜，你却如此无礼。”活佛还是不予以理睬，将军接着说：“听说活佛上知五百年，下知五百年，但你知不知道今天就是你的死期。”说着手起刀落，将活佛杀死了，接着满院的喇嘛都手持兵器杀了过来，一场混战，将军和康熙失去了联系，于是将军又杀了进来，见皇上的坐骑还在，又杀了出来，如此七进七出，不见皇帝踪迹，无可奈何，只有自刎谢罪，现在通顺诏前有一座费公庙，据说是康熙得救之后为白马将军建的。康熙的坐骑饥渴难忍，前蹄刨地，得水而饮。后绥远人就地筑一园，打井八眼，名曰“御泉井”。再说康熙皇帝，他原来是换上一个喇嘛的衣服混了出来，来不及骑马，独自逃到东南荒野，到了叫“榆树林”的地方，只有三棵小榆树，无处藏身，眼看追兵将至，康熙不禁仰天长叹道：“难道是上天要亡我。”话刚说出口，只见长出满坡的榆树，直冒三丈高，康熙躲入其中，得以逃过追捕。在荒郊之地，康熙只有吃些草根树皮，一会儿来了一个老人，口叼线头，手提饭罐，康熙问后才知她正要给儿子送饭，康熙请求分给自己一些，老人把饭都给了康熙，就这样，老人一连送了三天饭。第三天饭后，康熙问老人家住何方，但听不到回答，康熙一回头，只见一尊神像，面南背北，口衔线头，下面捻转尚在旋转。左手向东南指一山峰，右手伸出五根手指。皇帝不知何意，这时一支官兵前来，护送康熙回朝，原来是线娘娘通知了官军，又化作老者为康熙送饭。

康熙回宫之后，立刻让人四处打听恩神，差人查找数天找不到，正要回宫时，路过山西崞县，经店小二一说，差人立刻找到了五峰山回宫复命，康熙听后恍然大悟，当初神仙所告，左手指山西侧，右手表明五峰处，山西五峰正合其意。遂前往五峰山朝拜，康熙四月初五到达，住一晚后，在四月初六参拜圣母，敕封线娘娘为五峰圣母，并亲书“五峰化宇”四个大字。这就是寿宁寺庙会的起源，“化宇”之意，即圣母慈善心肠，普降大地人民身上。此后，每年四月初六五峰山庙会时，崞县县令受命，要代皇帝到会降香祭奠。现在山门正对的三间房叫“官厅”，就是为县令准备的。①

（二）碑刻记载

1.《重修五峰山圣母庙碑记》

崞多名山 五峰其一也 岩岫峻绝 四面环绕 中有平麓 麓之中有庙焉 曰 圣母 则中座 列左右者 谓之龙神 创始年代无考 其可考者曰至元十六年己卯岁重建崞州五台山大寿宁寺下院 重建者则大德四年 元统三年 则神之显灵异于前代者可知 延至我明重修者不绝 可知神之精灵能动人 不然何能使人致崇敬哉 予自庠生时 已目击其神之灵 今嘉靖二十三年 自春徂夏 雨泽愆期 黎庶嗷嗷 于是 崞侯康川史公率僚佐士夫吏者 祷宿祠下 朝夕惟寅 不敢慢焉 以嬉无何 五月二十六日一雨三日 万姓用欢 史公慨然叹曰 圣母于崞地功利及民者大矣 今正殿朽圮 门垣卑陋，不足以妥神，非令之责而谁与 乃召邑民而告之曰五峰圣母庙 吾欲修缮 虑所支弗及何如。皆曰圣母之灵，祈雨者数数矣 一方之受福荫有以报方用歉然倘令有意唯命是从 史公即出己俸若干为之倡导 其僚佐士夫从而和之 邑之耆庶闻风踊跃 富者施资 贫者效力 云集辐辏莫之能御 阴阳官郭友贵 义官石怀玺领其事 募民匠 率邑夫 经始于八月十一日就绪于十月

① 注：传说参考《原平民间故事》和《神山贾氏优秀人物志》而作。

十五日 其创造正门有碑 其周垣偏门有覆 中道以石飞檐易新 至于经斫削之功涂茨之饰 轮焉奂與 举中 其度计材木瓦石之用 夫匠之功 众亦與焉 落成之日僚佐士夫邑人和会 众目耸瞻 咸生敬肃 而相与曰 向卑陋而今宏大 向漫淡而今藻丽 峰峦耸翠 松柏森立 诚崞中之伟观也 前令是邑者 或抚摸其民而取誉 或畏避其事而养高 孰肯措心于其间哉 非豁达果断 曷能致 然公之令吾崞也 谨始则立志节 以克偏见 莅政则明哉 约以正礼仪 正家 则先孝养 以薄自奉 处事作务 精思以察事情 其宣化也 立教条 重农桑 旌善行 缉强梁 其听讼也和听纳审重轻 存公平 分故误一征科则重期程 以戒多取一 营缮则明缓急 以立远图 事上则推诚心 以加礼貌 驭下则详委任 以斥谗间 其于交人 则务诚实 以引己咎其于备荒 则诚祈祷 以体民情 崇儒 则日为讲解 御侮 则躬冒矢石 民是以安其业 其于神也 营斋庐时 享祀丰祭 物神是以宁 其居 民安神宁 令尹之责尽矣 然公之文章政事 炳炳朗朗 人所共知 又岂待乎管窥以发扬之哉 故书此以著庙右覆系之以辞 辞曰 岩岩五峰 崇数十仞 德成万物 泽及庶民 祀典所在 官民是尊凡祷则应 孰敢不敬 惟我史公 礼严斯祀 缮修庙貌 昔漫今丽 百年之废 一旦而起 壮不及奢 丽不及侈 治邑三年 化行讼理 龚黄之俦 卓鲁之匹 一邑丰登 神默佑之 民愚难治 神幽难事 民安神宁 贤哉长吏 书公惠政 揭诸庙石 令闻永传与山冈

奉训大夫直隶河间府景州知州邑人李本立撰篆

崞县知县　史渔　县丞　杨铉　主簿　高崇勋

儒学教谕　李璋　训导　王珏　王士鸾

生员　田腾风　书

大莫都石匠 韩佐 韩价 韩礼 韩佑 韩徭 韩泽

韩儒 韩源 韩学 韩金 韩深 韩定

嘉靖二十三年十月□日 立石

——录自五峰山圣母庙

2.《重修五峰山各祠碑》

贤者之兴而愚者之废 而复之为是 习而循之 为非傍人且然 况其子孙乎 此

子舆氏之所以重世守也 赤刀陈宝非治具也 杯棬几筵非重器也 有家国者韫之谨而传之永念先德也 去县治而东十里曰大阳村 居之望曰张氏 大阳而东十里曰五峰 山阳之祠曰育圣宫张氏先人所建也 余尝以公事至其地 凭而望焉 尽得其胜概 郁葎巀嶪草木蒙密 山之阳 树柏而阴 树松老干虬结 一望无际 按志 盖蜿蟺扶舆于五台者 故雄奇如此 峰脊之邃 庙斯在焉 自前明成化间 复而新之迄今几二百余年 补苴支柱以度时月 妙好剥矣 丹垩漶矣 目如来阎罗诸殿倾颓者不一而足 缭墉圮而广栋压余心念 非有力者不能复其旧也 今年秋复以祀事至乌头棹楔 金碧璀璨 基崇厦广者 育圣殿也 庄严吉祥者 如来殿也 儆心豁目者 阎罗殿观音殿也 庙之西建为山门 建为钟楼 皆昔无而今有也 庙之东层垒而上 置观山楼三楹 又数层置水陆殿五楹 可以祈禳 可以览胜也 且庙前牌坊倾坏者 复涣然焉 凡寺之重修者 五大庙新建者 五大工棼橑回带髹彤眩瞩庖湢阶圯缮治 以次视昔之制有加焉 问其人 则张氏之诸生守谦者率其族也计其年 则经始于康熙戊戌春月 落成于康熙辛丑秋月也 询其费 则佽助于张氏 而与僧明烛介告于十方也 既蒇事 张子守谦清曰兹寺之复也 念后先兴废之因 拮据架构之力 皆不可以芜灭闻之佛法 付嘱国王大臣愿得宰官之外护者 为文证明之 以垂于久远 公其为我书之后 余曰 子之复此寺也 数善见焉 其大者在能惠于乡 而承先志 年谷顺成有所祈 疵疠夭札有所禳 乡之人受其庇矣 当其初缔也 或发欢喜心 或策精进力 子之先人虽往而灵爽 实式凭焉 向也倾非慢神也 忘先也 今也崇非佞佛也 继先也 废而复之 复而永之 是张氏之贤后昆也 乌可以不记 自今以往借于此者 不得据为己有 而营利养疆有力者 亦不得斥为墓田 而擅为游观 是即子所以证明之也夫

文林郎知崞县事南昌 秦大同撰

崞县正堂 秦公讳大同助银肆两

崞县副堂 陈公讳尔遴助银贰两

儒学教谕 栗公讳柱助银二两

儒学训导 赵公讳庄宸助银贰两

崞县捕厅 张公讳芳助银贰两

原任教谕 柴公讳蔚然助银叁两

纠首 张因中 张普 张守谦 张曙等

住持僧人 明烛 寂宽 寂助　徒 净潜 照通 照远 照达

康熙六十一年岁次壬寅孟春穀旦立

——录自五峰山寿宁寺

3.《五峰山重修碑记》

五峰山为崞邑之名区 而圣母真身显应 今不异于古所云也 每岁四月初六俗传为胜会之辰 士女还愿奔者 走者 驱车策马而来者 莫不争先恐后焉 至初八御祭而续至 非有功于斯民 曷克臻此 然五峰寺院在中峰者居多 其它东峰 西峰南峰 北峰莫不有庙存也 迩来风雨剥落 难以栖神 道光十九年 祖亿与纠首募化得金 仅补修中峰圣母殿 下佛殿 关帝殿三处 而残缺者尚多 今咸丰元年 东渡殊珍于纠首募化得全复补修 北峰上佛殿 水陆殿 梳妆楼 西峰阎君殿 南峰观音殿 东峰龙王殿 且兼补修中峰大山门 砖铺佛殿院 石阶两旁山神庙 土地祠以及官亭一所花栏诸墙 而五峰庙貌遂焕然一新 是皆祖亿之有志未逮 而东渡殊珍亦可谓继述之善也 是为志

庠生 郭清玄 撰　　庠生 孟昌祖书

纠首书院董事

井沟村 齐忠 德义长 刘元复 张旺 张泰辰 刘性 张时雨 皇甫旺 张成义

南头村 杨恒裕 杨士元 杨梆清

野庄 郭绍龄 郭景泰

河东村 罗永兴

辛庄村 赵应选

住持僧 普法 普漳

徒 化埏 化均 化玺

孙 开基 开业

大清咸丰二年黄钟月上旬穀旦立

——录自五峰山寿宁寺

三、定襄县七岩山圣母庙会

（一）传说与庙会

名山大川者，天地由之以通气，而兴云至雨，利泽白谷。名山巨镇，乃百神所治之地，七岩山即是被当地认为是神灵所居之山，能庇佑福泽乡人的一座名山。七岩山位于今忻州市定襄县留辉村附近，在县东南十五里，因旧山有惠泉，亦名七宝池，故在宋代以前七岩山有七宝山之称。山中佛寺始建于南北朝，因山中有“七岩晚照”之景，故名“灵光寺”，慧端为开山始祖。东魏天平三年（536年）于寺之东壁刻有石佛千尊，故后人改称曰千佛殿，又有圣母祠、文殊洞等诸建置。寺址在今洞口西北，岩山腹地有七岩洞，洞内高大宽阔，可容百人。洞顶滴水如珠，长年不绝。洞内有七宝池，小巧如坛，水清见底，雨涝不溢，天旱不涸，用去复来，到位即止。七岩洞前，原建有惠应圣母祠。据《七岩山惠应庙碑》记载七岩山“群峰连延，参查峻拔，若植旌旗，若列屏帐，谷幽而岩虚，洞深而泉涌，中有七岩圣母之祠，其建置之始，已失其传，殆灵山之所治乎，抑神龙之所宅乎。”“常时郡境或遇旱干水溢之患，而郡侯致诚以祷，则时雨时阳，求辄如志。故邦人仰神之灵而奉之甚谨，创七岩，为一方之望，其来尚矣”。后人附会七岩圣母祠是古之代王夫人祠，“赵襄子既戕代王于会，而夫人闻之，摩笄自刺。国人哀之，为立祠于此山，以奉事也”，虽然不能考证春秋时期的代王夫人祠是否在七岩山，但鉴于七岩山圣母祠在当地的影响较大，故后人认为惠应圣母即是春秋时期赵襄子的姐姐磨笄夫人，并对此深信不疑，相关传说一直流传至今。

磨笄夫人自幼许配代州。后来赵襄子为了扩大领地，设宴将代王毒死，派人迎姐姐回归。夫人说：吾受先君之命，摈于代十余年矣，代王何故，主君屠杀之，今代已死，吾将奚归且吾闻，以弟慢夫，非仁也，以夫怨弟，非义也。吾不敢怨，亦不敢归。遂泣而呼天，磨笄自杀。后人为了纪念这位烈女，在七岩山七岩洞前建庙，四时祭祀，香火不断。到宋朝时，朝廷尊崇烈女，加封为圣母。大约到了元代，人们逐渐赋予圣母一个新的使命，就是给无子嗣的人家送子。传说，代王娘娘赵姬来到七岩山。山中有个洞。赵娘娘净手焚香，祈祷为代王生一王子。她又将手伸进一水池中，捞起一枚通红通红的卵石。宫女们欢呼雀跃："捞住了，捞住了，这就是王子。"随即，赵娘娘在洞中设宴庆贺。这时，一位老公公闯进来，神色慌张地跪在娘娘面前说："晋卿赵襄子欲并代地，将代王杀死。"赵娘娘昏迷过去。霎时间，洞中一道金光闪射（"七岩晚照"奇观）。观音菩萨坐莲花而入笑道："襄子残杀姐夫，天地皆知，善恶必报，乾坤不容，娘娘何不在此为圣。"赵娘娘欣然答应，遂坐化为神。山民们为纪念她，在洞中修建了一座"圣母娘娘庙"，每年七月初一为庙会，八方朝圣，香火不断。

定襄县留辉村七月初一庙会俗称"捞儿节庙会"。每年七岩山举办捞儿节庙会时，圣母祠前车水马龙，热闹非常。三乡五里乃至更远的村民们，便提着供品，拿着香、纸、炮等，熙熙攘攘纷拥而至。在圣母祠前烧香，叩头祈祷，上布施，然后到七岩洞内的七宝池中捞取鹅卵石。捞到后，便小心翼翼地用红布包好，带回家中，供在灶君神位前。如当年怀孕，次年得子，便要到圣母祠还归原捞取的石子。当然，还石子仪式要比捞石子时隆重得多。要蒸供，做花，给圣母披红。更有甚者，还要雇用八音会吹奏，给圣母穿新衣等。久而久之，七宝池便被呼作捞儿洞，惠应圣母也用山名作了姓，称七岩圣母、七岩娘娘了。年复一年，捞儿洞的鹅卵石被捞去的多，还回的少，以至于入不敷出。于是，住庙的憎人们便想出了一个好主意，用罗筐将山沟里的小石头拣来，在圣母前供奉一下，再投入捞儿洞。

此外，还有文殊洞，旧名抱佛腿处，后也成为乡人祷雨之地。清道光年间，山僧觉祥，由蒙古募化布施甚多，归而扩充之，并于洞口上半崖处创塑文殊像，故更名曰文殊洞。洞内有天成石佛腿二，其产生年代不详。1926 年，明玄邀集全县经理郑宽人等，绍觉祥旧址，增建石卷五间，并修葺一切。且将旧羊肠小道改修平坦。往来游人，至此始觉甚便。洞迤东厂，下有赤龙王石卷庙一间，系黄场峪村人韩、张二姓，建于光绪年间，为该村祷雨坐会之总所。

明清以来，随着当地民众功利诉求的转变，七岩山圣母的女性神灵色彩逐渐凸显，尽管其水神职能仍在，但送子之神的地位也不断在强化，明成化庚子年（1480 年）的晋国主宝贤堂撰写的一通《晋府重修惠应庙记》佐证了这一点，朱元璋的玄孙朱钟铉到七岩山“诚心叩祷，仰荷感应，山川毓秀，果添一子……”因此，在举办七岩山庙会时，捞儿节庙会逐渐兴盛。其中留晖的捞儿节庙会最具代表，留晖和七岩山的关系，从元朝开始，以功德主自居。留晖的庙会分南北轮流举办，都请的是七岩圣母。本地老人们又把神圣说成是北头的娘家，南头的婆家；富娘家不富婆家。至于迎神下山的仪式，十分排场，鼓乐喧天，人山人海，盛极一时，据说，在同治光绪年间最盛，三天内可收二百多吊钱。当地民众还将七岩洞的惠泉（七宝池）和文殊洞等附会了很多神奇的功能，以求多福：

第一，捞儿圪洞。本来是洞内神像背后有个斗大的石罅坎（汇集石隙流水的小泊），文人们美其名曰“惠泉井”。大概也是僧人们为收香火布施起的名。一到会期，四方香客，云集在此，上山捞儿的，还愿的，接踵而至。圣母神龛上有副楹联写的是：“祠内水长流，何时始尽伤夫泪。井间石任取，无地不推育儿心。”

第二，“抱佛腿”。由山门外东南方向盘旋而上，有个“文殊洞”，这是山上的第二个大洞。洞内有仅能容纳七八个人的幽窟，窟内存有两条一粗一细的钟乳石流柱，看去光滑，摸去冰冷，僧人们又把它叫“抱佛腿”。赶会的人来了（多是妇女、老人），都要争取抱佛腿，还是要抱粗的，不抱细的，求佛保佑得福。

每年七月初一，当地百姓便提着蒸馍馍或买上黄烧饼（定襄县特色庙会期间食物）、麻花等食品供奉，拿着香、纸、炮等，熙熙攘攘纷拥而至。在圣母祠前烧香，叩头祈祷，上布施。留晖派来收布施的人坐在惠泉前，把石子瓦片撒进潭内，口叫：“捞儿上布施。”有捞儿的妇女就爬下捞石子，捞着了噙在嘴里，拿出来用红布包好揣在怀内，回家后，放在清净的地方（有一说为供在灶君神位前）。捞不着的就上布施，没钱了，把簪环首饰摘下来上了布施。捞儿者如当年怀孕，次年得子，便要到圣母词还归原捞取的石子。

要蒸供，做花，给圣母披红。更有甚者，还要雇用八音会吹奏，给圣母穿新衣等。另有一说是，捞儿者得喜，三天上要上寺报喜，名为寄寺僧，按寺内“长住”（寺内招待室）排就的上述法名，从小住持的辈数某字给婴儿起名字。听说现在传到“果”字辈以后了。到满月时，寺内还给一条红头绳索。寄寺的儿童们过生日和到了十一、十三、十五岁时，都要拿上各种油钱、香纸、面供来山还愿，叫作完神盘。七岩洞捞儿有个禁忌，就是当你捞到石子后不可随意丢掉。据民间传说：有一个男子到七岩洞捞儿，一把就抓起三颗石子来。回家的路上，将一颗不太顺眼的石子扔到了山沟里。又走了一段，把另一颗石子丢到河里溅了水花，剩下最后一颗带回了家中。后来，他妻子果然陆续生了三个儿子。第一个儿子八岁时从崖头上掉下去摔死了，第二个儿子十几岁时到河里游泳淹死了，只有第三个儿子长的壮实，小名叫作“顽石头”。当然，该传说迷信色彩较重，但也从侧面反映出当地人对祈子习俗的敬畏。

近年来，到七岩洞捞儿者已属少数，七岩洞捞儿已演化成了一个美丽的传说。但每年七月去七岩山寻旧吊古，领略风光者却依然络绎不绝。祈子信仰现在逐渐成为一种传统文化，甚至成为一种旅游资源，祈子信仰已逐步成为一种非物质的文化遗产，成为中华文化传统文化的一部分。

（二）三通碑刻资料

七岩山最大的价值是它保存了20块摩崖石刻及碑刻等，其内容涉及历史地理、佛教、古建筑、民俗、物产、环境等。这在全省乃至全国也是不多见的。这里主要摘录了三通与七岩山圣母信仰相关的碑刻资料，分别为《七岩山娘子庙碑》《七岩山惠应庙碑》《晋府重修惠应庙记》[①]：

1.《七岩山娘子庙碑》

该碑原立于定襄县城南九公里七岩山圣母洞口，现立于定襄县文庙。碑

① 《七岩山娘子庙碑》《七岩山惠应庙碑》分别出自山西省忻州市政协文史资料委员会.忻州文史·古碑文录之一（第12辑）［Z］.2009：6-8，12-15.《晋府重修惠应庙记》出自续俊谦、石效忠主编《七岩山志》，忻州日报印刷厂，2001：18.

首阴刻篆文七岩娘子神记。团练、推官、将仕郎、秘书省校书郎刘仲堪撰。碑文全文如下：

秀容之南，在战国其晋赵之郊乎？凡有神福庇民间者，非当时忠臣则列女。去郡四十里有山曰七岩，有神曰娘子，俗传赵襄子姊也，祀之颇恭。农蚕之将兴，疾沴之代有，必往祈焉。咸平四年，自冬迄春，雨雪弗降，郡之官隶，遍走境内，而久无所应。越四月哉生明，□知太守事庐江何公，斋戒、备牲礼，躬谒祠，仲堪瞻以宾席。□既至，目睹山之峰峦，回合秀绝。山半有岩，岩中为室以居神，神之前刻木为偶人，□□三数寸，而巾服皆具。居是庙者曰：“但有所请，即掌而祷之，必自然偃仆，视其数，乃谕其意，百无差跌。”何公于是易服，虔诚用其法以祈降雨之日，偶人乃五仆于掌。次及仲堪，计之数如前设。既祀罢，何公顾谓仲堪曰：“诚如神谒，必假文以纪之。”及期，雨大至，阖境几足。仲堪既异神之验，复不欲虚□何公之请。按《史记·赵世家》襄子姊为代王夫人，襄子北登夏屋山，诱请代王，使厨人以铜斗击杀之，遂兴兵并其地，其姊闻之泣而于天，摩笄自杀。代人怜之，仍以摩笄名其山，神之灵，其是欤？谓襄子之姊，则无闻焉，盖传久而误也。况地去代不达，摩笄甚迩，又何疑乎？嘻！生而贞烈，没而历千百载，灵应若是。虽不传祀典，享庙食也。无愧与夫世之堂堂丈夫縻人之爵，析人之圭，为侯伯，为卿相，生不能以身与社稷存亡，死而名迹俱泯灭者，实为神羞。

时咸平四年四月十日记

圣宋大中祥符三年四月八日建

2.《七岩山惠应庙碑》

该碑位于定襄城南九公里七岩山圣母祠口。镌于北宋崇宁四年（1105年）。具体内容如下：

名山大川者，天地由之以通气，而兴云致雨，利泽百谷。产货材，毓鸟兽，而人赖以生。故必有神以司其职，是以监王崇其爵秩，设为庙貌。俾栖其神，而旅祭以时，所以祈福而报功也。功之大者其报厚，故泰山之云，触石而起，肤寸而合，不崇朝而遍雨天下，则王者祭之。其余岳镇川泽，有能膏润百里而在于诸侯境内者，守□之臣□□祠焉。今夫民之为道不能自治，故百里不可以无宰，千里不可以无守，是以王者建侯监守，使之分民而治，分土而守，然后民安而国治矣。然则神之所职，亦难异于是哉？名山巨镇，乃百神所治之地也。□名山，□一方善恶猖□，雨□厉疫之事焉。子产曰：“山川之神，水旱厉疫之灾，于是乎荣之者，其以此乎。”忻之属邑曰定襄，距邑之东南十一余里，有山曰七岩。群峰连延，参差峻拔，若植旌旗，若列屏帐，谷幽而岩虚，洞深而泉涌，中有七岩圣母之祠，其建置之始，已失其传，殆灵山之所治乎？抑神龙之所宅乎？故其威灵气焰，摄人精□，造其庭者不寒而栗。常时郡境或遇旱干水溢之患，而郡侯致诚以祷，则时雨时阳，求辄如志。故邦人仰神之灵而奉之甚谨，创七岩，为一方之望，其来尚矣。而好事者乃谓：神即古者代王夫人之祠，赵襄子既戕代王于会，而夫人闻之，摩笄自刺。国人哀之，为立祠于此山，以奉事焉。谨按《地志》：“今妫州有摩笄之山，妫水出焉。”妫水之上既有代王夫人之祠，而代之芜城乃在妫、蔚二州之间，距兹东北五百余里，或以七岩为摩笄之山，岂其然乎？或者又谓后人矫立磨笄之祠于此，皆不可得而考也。孔子曰：“吾犹及史之阙文，故其修春秋也。”信以传信，疑以传疑，而不敢以臆。夫以仲尼之圣，且犹阙其疑而不传，况其下者欤。呜呼！神虽至灵，然亦依人而行者出。其废兴屈伸，盖亦有数存焉。曩之守臣，仰□神之灵，除阴骘斯民，利泽一方，而祈祷之效，捷若桴鼓。有请于朝，乞降庙额者，不可一二数也，皆寝而□报。崇宁改元之初，郡侯王公，以□相门之贵来莅是邦，治尚清简，民用不扰。故神降之福，而风雨不衍，年谷屡稔。乃思其所以，报神之祝者，遂复上其事于部，使者因闻于朝，果蒙俞允，锡以显号。且神福吾民，今昔一也。而前则报罢，今乃始应，惠应之号，岂非废兴屈伸，自有时乎？神且如此，而矧于人乎？宠命既降，则草木增润，岩谷生光，一邦之□，稚耋胥庆。显则人欢，幽则神悦。然则神不可以不祐于人，而人不可以不奉于神。两者各得其所欲，故德□归于无穷矣！公与邦人，荷□神之休，侈□君之赐，将刊翠珉，传于不朽。

大宋崇宁四年闰二月二十二日建。

3.《晋府重修惠应庙记》

太原之北，定襄邑治东，有灵祠曰七岩圣母庙。四方尊崇，香火兴隆，其来远矣。相传圣母乃三晋赵简子之女，聪明正直，天遣为神。当时立祠，庙貌尊严，以时享祭，历代至今，祈嗣即应。自东自西，自南自北，不远千里，有来祷者，遂生贤嗣。人人赞扬，厥惟旧哉。是以四方祈祷者如归市。余闻之非一日，仰之若北斗。成化庚子年间，诚心叩祷，仰荷感应，山川毓秀，果添一子，资质异常。禄享千秋，赖神默祐。吾之祷也以诚，神之应也不偶。洪恩之锡，每感于怀，敬命承奉张安、百户樊德等，创治修葺，绘塑遗像，逾月落成，焕然一新。因著神之灵，刻诸贞石，以垂久远云。

晋国主宝贤堂撰

附录二：碑刻中的用水规约

一、水例碑志

水例碑志

该碑刻于道光二十六年（1846年），今存代县木角村洪济寺过殿廊下。碑高120厘米，宽55厘米，厚约10厘米。正面碑额篆刻“昭兹”二字。刻文内容为峨口水地八村（当时属代州四村、繁峙县四村）佽水章程。木角、佛光志庄、高陵等村原属繁峙县，1955年划归代县，这样有利于统一管理使用峨河水。碑阴额刻篆书“来许”二字，碑阴刻文内容为洪济寺护寺地名、亩数及纳税银粮：正面刻文21行，满行50字，共902字，楷书。碑阴刻文11行，满行40字，楷书。正面刻文如下：

盖闻水利之兴以裕民生，而规模之据莫可离也。虽先贤分匀有章，而今恪遵者鲜矣。是成规渐乱而弊端立萌焉。今恐习染酿祸/，复议条章，铭石永垂，以革后弊也。夫峨峪之水发源于黑龙池，自沟泉叠成河，流漫出口，泽及八村，州四村，县四村也。州四村：峨口、/南留属、付村、下社村；县四村：佛光庄、沟子村、木角、高陵村。初春起水各村渠道皆流至四月初一日，论其章程次序，其首州峨口、县/佛光分三日，其次州南留属、县沟子村分三日，又次州付村、县木角分三日，又次州下社、县高陵分三日。塞引全河之水两村分用。/州七县三周而复始。其各村规例不一，至于本村应分三日之水，上街分一日半，四姓立十二股。下街分一日半，/众姓立六股。其社入地成牌，逐段逐亩自上及下共地三顷七十四亩五分，上轮至下，挨次浇灌，周而复始。/杨姓立六股，按其股厘瓜分浇灌，历有成规，今勒于石以图永固，各条载后：

牌地每逢应浇之期，头一二水口同渠长赴，总渠壅塞，接水按南北渠分均，沿渠避口，从首口接水浇地，下畔与上畔跟水不许灌，遇复浇不许对口串/灌，不许漖水过多。立秋前止（只）许灌溉烟、蓝、麦、豆，以及蔬菜等项。立秋已后，凡应牌者，勿论秋夏禾田均许灌溉。如头水未经浇完，浇至某地、某截，该渠长/看明，俟再水从某地某截续浇。该地主，预早上渠候，接水之时引水续浇。如怠惰去迟，水过其口不许截浇，俟别地浇完之时，方许补灌。如续浇至尾，该/渠长至尾地跟看；量其长短由顶首口提水，不许半路截接，如余水过长，许挨畔牌地接浇。

杨姓股社随地灌渠，分南北，每逢应浇之期，同渠长预早到东村庙门前先将南北渠水股厘数目算定，俟接水之时，南北渠分开，各走各渠，如水浇某/地，止（只）许从某地接水，不许指东画西乱接水口。有应分不用者，洒在公中；如有买卖者，南渠至斜道牌地首口为止，北渠至郑得仁牌地首口为止，许卖/在下，不许卖在上。以上勿论牌地、杨股各宜凛遵，勿致混乱。此俾益于公众，殊非为其一私也。如有恃强不遵或胡挟乱调、霸水混浇、阴行/盗窃，犯其所禁者，许邻畔应水社者报知渠长，渠长至庙鸣钟，会首、乡约、牌社人等至庙议罚，如有邻畔隐匿不报者，被渠长察出，以串通论。

如渠长 知 / 情私放者，与犯规人一例同罚。如有至庙不遵罚者，许渠长、乡约、会首禀官究治，所费盘用钱文，从十二股摊拔。议定罚数开后：犯规从重者，罚戏三期，连十供品，猪一口、羊一只，献于龙神位前。从轻者罚香一万，油十斤，纸张火炮入社公用。

杨姓水社惟上卅亩半股，下卅亩半股，廿四亩半股，四十亩半股，房地半股，准其伙水择口，不许分社异地。

如润二、三月，即润三月二十五日分水，南留属、沟子村二日，付村、木角二日，下社、高陵村二日，至四月初一仍照旧章。如遇小建即二十四日分。/

大清道光二十六岁次丙午孟夏月谷旦十二股公立。

碑阴刻文如下：

洪济寺碑序

闻之原始要终，理之常也，不追其始则古人之事业无传，即后世之见闻不广，古人虽往，而古人之事业 / 不与之具往。如我下木角村旧有洪济寺，原有护寺地亩，代远年湮约具无存久矣，今又添买数亩，合村 / 公议刻石为记，俾事业千古不磨云尔。并将水旱地亩、粮银丁正开列于后：

庙前地五亩，庙东地一亩半，/ 牛圈渠地四亩，拐子地一亩半，共水地十三亩。随牌使水带神社二厘。

杨家道地七亩，垛麻地四亩，南窊地六亩，突头角地七亩，南愣地六亩，/ 庙后地四分，共旱地三十亩零四分。水旱地丁正共粮银一两三钱二分五厘八毫。正粮九钱五分二厘二毫，丁银三钱七分三厘六毫，米四升九合一勺。从 / 临河都三甲本寺名下完纳。

村人有请僧诵经者，该寺住持应副，自古皆然。

二、按期用水浇地通知碑

按期用水浇地通知碑

赏戴花翎四品衔、特授五台县正堂、加三级纪录五次李：为明定渠规，以均不利而杜争讼事。照得小营河引渠灌田，西南乡一带恃此水利者，已千百馀年矣。自郭家寨以下至永安、永兴等五村，以定日期十三日一周。周而复始，意美法良，虽向有争端，而旋起旋灭。近年，东冶、五级两村，与十五村于接水退水之地，私行紊乱旧章。而愚民惟利是趋，不顾大害，遂于正水之外，更兴小水、尾水之 说，竞相争夺缠讼，经六年之久，控县控州，踏勘讯断。故逞刁健，抗延不结。访闻屡年讼费，已至一千 馀串之多，疲民伤财，莫此为甚！而好唆讼者，方肆其鬼蜮之伎，阴行其渔利之谋。

查县志及前明均平水道碑记、同治年张水泰旧案，皆只言分水日期，并未见有小水、尾水之说。下五村白村寺碑，亦道光间乡人私立，未曾禀明立案。至光绪九年，王长林等夺水之案，孙前县始有小水之断，然亦即以白村寺碑“槐荫村分水之首日，堰下漏水，归下五村使用”一语作张本，别无证据可查。今夏，复以南大溪夺水兴讼，乃并牵连三、五旧案。传案质讯，虚辞狡执。爰为明定章程，限其接水退水之地，均其小水、尾水之分。郭家寨起堰后，堰下漏水归北大溪村使用。第二日寅时，北大溪村于郭家寨堰下接水。北大溪村分水之首日寅时起，至次日午时前止，堰下漏水，归槐荫村使用。次日午时起至末日午时前止，堰下漏水，归南大溪村使用。第四日午时，北大溪村在本村堰上退水。南大溪村于是日午时，在北大溪村堰下接水。第五日寅时前，仍在北大溪村堰下退水。小营屯于是日寅时，在南大溪村堰下接水，午时前在南大溪堰下退水。槐荫村于是日午时在南大溪村堰下接水。槐荫村分水之首日午时至次日午时前止，堰下漏水，归下五村使用。仍在槐荫村堰下退水。下五村于是日寅时在槐荫村堰下退水。

按照分定日期，时刻不差，接水退水，均撒草节为记。下五村退水以后，草节既过之时，渠内所流余水，在某村界内，即归某村使用，以羡补不足，别村不得混争。各村大堰之下，亦永远不准另起小堰。庶奸宄无从借口，良□有所遵循。除遵断取结，并饬于东冶镇真武庙勒石外，合行明白晓谕沿河各村，恪守章程，不准擅自更易。各该村其慎体本县安民息讼之深意焉。

懔遵勿违，切切此谕。/ 右仰通知

大清光绪二十五年十二月初三示

三、忻部渠碑序

忻部渠碑序

此碑现立于忻口村圣母庙正殿抱厦东边。碑石高160厘米，宽72厘米，厚18厘米。碑石至今完好。碑的正面刻《忻部渠碑序》，碑阴刻《使无工水条例》。刻文如下：

从来利之兴也，宜公不宜私也。公利可久，私利不可久。况水利乎！溯前清宣统三年闰六月间。下三村：金山村、部落村、淤泥村，欲从滹沱河取水灌地。旧无渠路，奉州署朱公，字子青。招集三村绅士，并本镇经理等众聚会商榷，遂将本镇花户耕种之地买作渠路，以枣园地起至小山。宽四丈，以南宽三丈七尺，共占地陆拾叁亩贰分贰厘贰毫。共作地价：一仟零叁拾捌仟伍佰捌拾文。三村将地价全数交与本镇，本镇执事人齐钱分给花户，分文不欠。渠路粮米下三村。永久。自办，日后长年流水。本镇无故不许阻拦，但伊等渠买至枣园地，枣园地以北未以买通。

州署朱公多方酌量，着下三村每年一村出使水款钱七十五千文，分为三季交付，一季不交，本镇阻拦，不能开通。如若渠棱损坏，淹没田地，量情包赔。此规州署立案，四村具有合同，恐代远年湮，不便参考，爰立石迹，以垂永远。此款除渠路花费，余款悉归学校支用，是为序。

原立合同经理人：李花洁 武林玉 王二五 刘天绪

值年渠经理：郭黄福 李旭生 刘天荣 王二五

大中华民国六年 孟冬中旬　立

使无工水条例

第一条：本镇每月使无工水二日，以使水之日起数至第十四、十五日为本镇使水期间。月终以此挨数，下游三村不得阻拦。

第二条：本镇每月使用无工水二日之外。又从金山铺使水五日内，第四日取浮水一日，不能渠中筑堰；淤泥村使水六日。第五日取浮水，不能渠中筑堰；部落村使水十二日。第五日、第十一日本镇取浮水二日，不能渠中筑堰。下游三村原定本镇取浮水之日期，不能自由更改。

第三条：每年挑渠筑坝补修四村公桥，下游三村按原定使水日数，多寡分派工费不得索涉本镇。日后下三村不睦。如一村所挑，全付本镇贰佰贰拾伍仟款钱，准其开渠，如不全付，本镇阻拦。

第四条：凡遇天阴河涨，损坏坝堰，无论何时，下三村同行修筑，不得索涉本镇，惟有渠口吃水处不开，四村公修本镇财神庙口头搭十字桥送本镇山水入河，下三村公修。

第五条：本镇使用无工水日之日，下三村着人看坝。如有损坏坝时，三村同行修筑，不得索涉本镇。

所定规条非我自为，乃本使水细则之例，四村共知，恐年远日久或有讹误。爰刻于石，以期不朽。所遵之例，指例如下：第一条即原例三条，第二条即原例五条。第三条即原例九条，第四条即原例十一条，第五条即原例二十二条。

所有金山渠民国三年陈知事断为废渠，本镇取浮水之由。因废赞善渠，故同下三村定取浮水之例。

学董：李高象、赵振家 李全节、王满堂

旧年渠经理：王谦、赵先同 李新臣、赵斌

本郡前播明村生员：赵师闵谨撰并书 石工：邢眼眼

共随粮贰拾捌斗叁升伍合贰勺

四、崞县溥济水利有限公司简章

（一）缘起

第一条：崞之西南有阳武河，由西山顺流而下，输入滹沱。夏秋之交，大雨时行，山水暴涨。沿河一带土田时虞漂没，居民苦之。而距河数十里之北贾、武彦、田家庄、上下薛孤、文殊庄各村，则又一片沙田，几至不堪播种。昔年，薛孤曾经凿渠引水，以资灌溉。惜范围狭小，久已荒废。现由本公司商之各村，拟开凿支干各渠引用阳武河水灌溉北贾等村之沙田。一举两得，利益无穷。该各村均乐赞称。因特定简章，以资遵守。

（二）宗旨

第二条：本公司以振兴水利，扩充农林各种实业为宗旨。

（三）定名

第三条：本公司由县属绅商组织集资办理，纯持利济主义，因定名曰：崞县溥济水利有限公司。并刊刻图章钤记以昭信守。

（四）渠线

第四条：由阳武河中河拦堰接水，经由三吉、上下薛孤、西镇、文殊庄等村为干渠。计长二十余里，至文殊庄由沙河退水于滹沱河。所有中间应开支渠若干，俟干渠竣工后，次第开筑。

第五条：本渠成立后，如各村田地一律灌溉仍有余水，即接续挖干渠，灌注班村、小原平一带田地，俾利益得以均沾。

（五）资本

第六条：本公司拟招股本两万吊。除由发起人合力筹备外，无论官绅商民均可以认股，以九九钱，一百吊为一股。凡集股在五股以上者加给红股一股。

第七条：凡认股之人，需将姓名、住址、籍贯开明，填给股票。倘有转售股票等情，须先向本公司声明，俟认可后方可有效。或股东将票遗失，应将号数报明，由公司补给新票，并取具遗失人笔据，以防流弊。

第八条：本本公司股款，分两期缴齐。自公司成立曰起三个月为一期，每期缴制钱五十吊，如能于第一期全数缴出，照章扣息作为优先股。

第九条：本公司收股时先给收条，俟两期限满再行换给股票，以昭信守。如有第一期缴钱五十吊，第二期不能续缴者，应将其原钱退归。

第十条：本公司收入股款，全数汇存殷实钱铺，分别计息。

（六）利息

第十一条：本公司收入股款，自填给股票日起，按阳历计算，常年以六厘行息。

第十一条：本公司每至年终清算，除股息薪水一切开支外，尚有盈余，作为红利，按百分法计算，酌提百分之五给予优先股。余按十成分配，以一成酬劳执事人，九成分给股东。

第十三条：优先股占特别利益，应以三年为期，过期与常股一律待遇。

（七）职员

第十四条：本公司应设总理一员，协理一员，由股东开会公推或票举；会计一员，稽查一员，由总协理选用，但须得众股东之同意；其余人员视事之繁简由总协理临时酌用。

第十五条：总协理任期以三年为期，如办理妥善，仍被举者，得连任之。

第十六条：本公司执事人员，如有三年之内，勤劳卓著，办事妥善者，得由众股东公议，酌加人力红股，以资鼓励。

第十七条：总理有总持一切事务，督率职员之权，协理辅助之，总理有事故时，协理得代行其职权。会计专管民银钱，稽查监视工程。

（八）会期

第十八条：本公司股东会，分经常、临时二种。经常会以十二月十五号前为期，清算本年账目，分配利息，布置一切；临时会无定期，由总理认为紧要事件，或股东有得零股票权二十股同意时，亦得临时召集，提议事件。

（九）权限

第十九条：股东除会议期限外，一切办事手续均由总协理主持，股东不得干涉。以致事权不能统一。

第二十条：总协理有不称职处，股东得临时开会，另选妥人接办，唯须得股东三分之二之同意，方能发生效力。

第二十一条：除总协外，其余职员、夫役均令各觅妥保，担保一切。倘有舞弊情事，一经查明，量行惩罚，担保人不得推诿。

（十）附则

第二十二条：以上所定各条系大略情形，其余详细章程，俟股本缴齐填给股票后，再行续订。

发起人：张泽莒、贾在中、张树帜、丁致中、张之礼、冯仰璧、刘淑彭。

参考文献

[1] [清] 张廷玉 . 明史 [Z] . 上海：中华书局，1974.

[2] [明] 马文升 . 明经世文编 [Z] . 北京：中华书局，1962.

[3] [清] 曾国荃 . [光绪] 山西通志 [Z] . 北京：中华书局，1990.

[4] [清] 徐继畬 . [光绪] 五台新志 [Z] . 江苏：凤凰出版社，2005.

[5] [清] 王会隆 . [雍正] 定襄县志 [Z] . 江苏：凤凰出版社，2005.

[6] [清] 王会隆 . 定襄县志 [M] . 台北：成文出版社，1977.

[7] [清] 赵冠卿，龙朝言 . 光绪续修崞县志 [Z] . 江苏：凤凰出版社，2005.

[8] [清] 邵丰鍭，顾弼 . 乾隆崞县志 [Z] . 江苏：凤凰出版社，2005.

[9] [清] 吴其均 . [道光] 繁峙县志 [Z] . 江苏：凤凰出版社，2005.

[10] [清] 方戊昌 . [光绪] 忻州志 [Z] . 江苏：凤凰出版社，2005.

[11] [清] 俞廉三 . [光绪] 代州志 [Z] . 江苏：凤凰出版社，2005.

[12] [清] 吴重光 . 直隶代州志 [Z] . 刻本，1785.

[13] [明] 杨维岳 . 忻州志 [Z] . 刻本，1608.

[14] [清] 何才价，杨笃 . 繁峙县志 [Z] . 刻本，1881.

[15] [清] 徐继畬纂修，孙汝明，王步墀续修. 光绪五台新志 [Z] . 江苏：凤凰出版社，2005.

[16] [清] 李鸿章，黄彭年 . 畿辅通志 [Z] . 刻本，1884.

[17] 山西六政考核处 . 山西省各县渠道表 [Z] . 太原：山西省六政考核处，1919.

[18] 西社续氏家谱 . [Z] 太原：山西古籍出版社 .1996.

［19］繁峙县地方志编纂委员会编．繁峙县志［Z］．北京：今日中国出版社，1995.
［20］原平县志编纂委员会．原平县志［Z］．北京：中国科学技术出版社，1991.
［21］五台县志编纂委员会编．五台县志［Z］．太原：山西人民出版社，1988.
［22］（清）顾祖禹撰，施和金、贺次君点校．读史方舆纪要［Z］．北京：中华书局，2005.
［23］故宫博物院．清凉山志三种［M］．海口：海南出版社，2001.
［24］徐世伟．建安村志［Z］．北京：中国地方志出版社，2012.
［25］赵林恩点校．（明）释镇澄撰．清凉山志［Z］．北京：宗教文化出版社，2014.
［26］常峥嵘、冯大北点校．清凉三传（宛委别藏本）［Z］．北京：宗教文化出版社，2014.
［27］常峥嵘点校．（清）老藏丹巴撰．清凉山新志［Z］．北京：宗教文化出版社，2014.
［28］六政考核处编．山西六政三事汇编（卷3）［M］．山西村政处，1929.
［29］司马迁．史记（三家注本）［M］．北京：中华书局出版社，1959.
［30］［宋］洪迈．文白对照全译容斋随笔［M］．郑州：中州古籍出版社，1994.
［31］梁玉绳．史记质疑［M］．北京：中华书局出版社，1981.
［32］杨伯峻．论语［M］．北京：中华书局，2006.
［33］杨伯峻．孟子译注［M］．北京：中华书局，2008.
［34］山西省史志研究．山西通志・气象志［Z］．北京：中华书局，1999.
［35］山西省史志研究院编．山西通志（第二卷）［M］．上海：中华书局，1996.
［36］李英明，潘军峰．山西河流［M］．北京：科学出版社，2004.
［37］侯文正主编．五台山志［M］．太原：山西人民出版社，2003.

[38] 山西省地图集编纂委员会．山西省自然地图集［M］．上海：上海中华印刷厂，1984.
[39]《忻州水利志》编纂委员会．忻州水利志［M］．太原：山西人民出版社，2015.
[40] 崔正森．五台山佛教史［M］．太原：山西人民出版社，2000.
[41] 张杰．山西自然灾害史年表［M］．太原：山西省地方志编纂委员会办公室，1988.
[42] 山西文史资料编辑部．山西文史资料全编（第一卷）［M］．太原：山西卫视资料编辑部，1998.
[43] 定襄县政协文史资料委员会．定襄县文史资料（第二辑）［M］.1992.
[44] 李干，泰啸虎．山西水利史论集［M］．太原：山西人民出版社，1990.
[45] 郑肇经．中国水利史［M］．北京：商务印书馆，1939.
[46] 周魁一．农田水利史略［M］．北京：水利水电出版社，1986.
[47] 张芳．明清农田水利研究［M］．北京：中国农业科技出版社，1998.
[48] 张念祖．中国历代水利述要［M］．天津：华北水利委员会，1932.
[49]［美］卡尔·A·魏特夫．东方专制主义—对于集权力量的比较研究［M］，徐式谷等译．北京：中国社会科学出版社，1989.
[50]［日］森田明着．清代水利社会史研究［M］，郑梁生译，台北：国立编译馆，1996.
[51]［美］黄宗智．华北的小农经济与社会变迁［M］．上海：中华书局年版，1986.
[52] 高有鹏．庙会与中国文化［M］．北京：人民出版社，2008.
[53] 路遥．中国近世民间信仰［M］．上海，上海人民出版社，2010.
[54] 钟敬文．民俗学概论［M］．上海，上海文艺出版社，1998.
[55] 乔志强．中国近代社会史［M］．北京：人民出版社，1992.
[56] 余秋雨．何谓文化［M］．北京：长江文艺出版社，2012.
[57] 王汝雕．山西地震碑文集［M］．太原：北岳文艺出版社，2003.

[58] 山西省忻州市政协文史资料委员会．忻州文史·古碑文录（第 12 ～ 15 辑）［Z］.2009.（内部资料）
[59] 张占生．五峰圣境［Z］．山西省内部图书，2011.
[60] 郭俊卿．忻州考古论文集［C］．太原：山西科学技术出版社，2008.
[61] 葛全胜等．中国历朝气候变化［M］．北京：科学出版社，2010.
[62] 刘泽民等．山西通史［M］．太原：山西人民出版社，2001.
[63] 赵新平 .1912—1928 山西乡村生活研究［M］．北京：中华工商联合出版社，2007.
[64] 田尚．清代西域的农田水利［J］．中国历史地理论丛，1989（4）.
[65] 林东威．一个无名的无法描述的小庙宇［N］．中国日报（外文版），1989-4-7.
[66] 李三谋．阎锡山在山西施行的水政［J］．中国经济史研究，1991（3）.
[67] 张宇辉．古代山西水利的特点及其规律［J］．山西水利，1995（4）.
[68] 赵世瑜．明清时期华北庙会研究［J］．历史研究，1992（5）.
[69] 刘锡田．山西水利回顾与展望［J］．中国水利水电出版社，1996（4）.
[70] 钟萍．近代西北的农田水利［J］．古今农业，1999（3）.
[71] 行龙．明清以来山西水资源匮乏及水案初步研究［J］．科学技术与辩证法，2000（6）.
[72] 张俊峰．水权与地方社会——以明清以来山西省文水县甘泉渠水案为例［J］．山西大学学报（哲学社会科学版），2001（6）.
[73] 吴赘．论民国以来鄱阳湖区的水利纠纷［J］．江西社会科学，2001（9）.
[74] 张宇辉．近代山西雁北水利股份公司述要［J］．水利经济，2001（6）.
[75] 吴军，邓涌涌．中国近代水利开发的新模式［J］．水利经济，2002（2）.
[76] 苑利．华北地区龙王庙主神龙王考［J］．西北民族学院学报（哲学社会科学版），2002（4）.
[77]［英］沈艾娣，陈永升．道德、权力与晋水水利系统［J］．历史人类学学刊，2003（1）.

［77］张正明，张梅梅 . 明清时期山西的旱涝等灾害［J］. 晋阳刊，2003（1）.
［78］张俊峰 . 明清以来晋水流域之水案与乡村社会［J］. 中国社会经济史研究，2003（2）.
［79］胡英泽 . 水井碑刻里的近代山西乡村社会［J］. 山西大学学报，2004（2）.
［80］杨晋生 . 历史文化名乡中阳乡［N］. 山西日报，2004-3-30.
［81］王裕良 . 山西干旱灾害分析及减灾对策探讨［J］. 中国防汛抗旱，2004（1）.
［82］李三谋 . 清代山西主要农田水利活动［J］. 古今农业，2005（2）.
［83］张俊峰 . 介休水案与地方社会——对泉域社会的一项类型社会若干案例为中心［J］. 农林，2005（3）.
［84］张俊峰 . 明清以来山西水力加工业的兴衰［J］. 中国农史，2005（4）.
［85］赵世瑜 . 分水之争：公共资源与乡土社会的权力和象征——以明清山西汾水流域的若干案例为中心［J］. 中国社会科学，2005（2）.
［86］行龙 . 晋水流域 36 村水利祭祀系统个案研究［J］. 史林，2005（4）.
［87］张俊峰 . 介休水案与地方社会［J］. 史林，2005（3）.
［88］赵世瑜 . 分水之争：公共资源与乡土社会［J］. 中国社会科学，2005（2）.
［89］高建民 . 近代晋北水利企业探析［J］. 山西水利，2005（3）.
［90］胡英泽 . 水井与北方乡村社会［J］. 近代史研究，2006（1）.
［91］韩茂莉 . 近代山陕地区基层水利管理体系探析［J］. 中国经济史研究，2006（1）.
［92］张俊峰 . 明清时期介休水案与“泉域社会”分析［J］. 中国社会经济史研究，2006（1）.
［93］韩云伟，王尚义 . 明清时期五台山佛教发展对自然环境的影响［J］. 太原师范学院学报，2007（3）.
［94］岳谦厚 . 传统庙会与乡民休闲——以明清以来山西庙会为中心的考察［J］. 山西大学学报，2009（1）.
［95］王守恩 . 社会视野中的民间信仰与传统乡村社会［J］. 史学理论研究，2009（3）.

[96] 刘文远．清代北方农田水利史研究综述［J］．清史研究，2009（2）．

[97] 张俊峰．油锅捞钱与三七分水：明清时期汾河流域的水冲突与水文化［J］．中国社会经济史，2009（4）．

[98] 张曦．清代山西灾害治理及现实意义初探［J］．山西农业大学学报，2010（1）．

[99] 李仙兰．五台县水资源开发利用保护研究［J］．科技情报开发与经济，2010（3）．

[100] 张青瑶．清代晋北地区干旱灾害研究［J］．干旱区研究，2010（2）．

[102] 党晓虹，卢勇．明清晋陕地区民间水利事务管理探析［J］．中国农史，2011（3）．

[103] 李麒．观念、制度与技术：从水案透视清代地方司法——以山西河东水利碑刻为中心的讨论［J］．政法论坛，2011（5）．

[104] 张青瑶．清代晋北主要自然灾害与社会应对［J］．古今农业，2012（4）．

[105] 高策，邹文卿．清代山西的旱灾规律及防治技术［J］．科学技术哲学研究，2013（6）．

[106] 张荷．关于近代山西水利股份公司的探索［J］．山西农经，2014（1）．

[107] 庞利军．代县水资源状况及开发利用分析［J］．山西水利，2013（1）．

[108] 侯林．民国时期滹沱河的治理与开发［J］．河北广播大学学报，2013（2）．

[109] 胡梦飞．明清时期苏北地区水神信仰的历史考察——以运河沿线区域为中心［J］．江苏社会科学，2013（3）．

[110] 侯林．民国时期滹沱河的治理与开发（1911-1937）［J］．河北广播电视大学学报，2013（2）．

[111] 张荷．关于近代山西水利股份公司的探索［J］．山西农经，2014（1）．

[112] 李辅斌．清代河北山西农业地理研究［D］．临汾：山西师范大学，1992.

[113] 杨冰．神灵、庙宇与村落生活对一个鲁中山村民间信仰的考察［D］．济南：山东大学，2005.

[114] 王长命．明清以来平遥官沟河水利开发与水利纷争［D］．太原：山西大

学，2006.
［115］王恺瑞．清至民国时期晋北的水利与环境［D］．西安：陕西师范大学，2007.
［116］赵淑清．清末明初关中地区的水利纠纷及其解决途径［D］．西安：陕西师范大学，2009.
［117］白燕斌．明代晋北地区的自然灾害与社会应对研究［D］．西安：陕西师范大学，2011.
［118］王海霞．晋北古村镇佛教信仰与民众生活研究［D］．太原：山西大学，2012.
［119］刘海燕．清代以来的水源纠纷与乡村政治［D］．新乡：河南师范大学，2012.